HUNNINGTU

HONGXIGUAN SUNSHANG FENXI

YU DUO CHIDU MONI

混凝土宏细观损伤分析
与多尺度模拟

徐磊 沈雷◎著

河海大学出版社

HOHAI UNIVERSITY PRESS

·南京·

图书在版编目(CIP)数据

混凝土宏细观损伤分析与多尺度模拟 / 徐磊，沈雷著. -- 南京：河海大学出版社，2022.11(2024.1重印)
ISBN 978-7-5630-7809-7

Ⅰ. ①混… Ⅱ. ①徐… ②沈… Ⅲ. ①混凝土结构—损伤(力学)—数值模拟—研究 Ⅳ. ①TU528

中国版本图书馆 CIP 数据核字(2022)第 220080 号

书　　名	混凝土宏细观损伤分析与多尺度模拟	
书　　号	ISBN 978-7-5630-7809-7	
责任编辑	金　怡	
责任校对	周　贤	
封面设计	徐娟娟	
出版发行	河海大学出版社	
地　　址	南京市西康路 1 号(邮编:210098)	
电　　话	(025)83737852(总编室)　(025)83722833(营销部)	
经　　销	江苏省新华发行集团有限公司	
排　　版	南京布克文化发展有限公司	
印　　刷	广东虎彩云印刷有限公司	
开　　本	710 毫米×1000 毫米　1/16	
印　　张	12.5	
字　　数	223 千字	
版　　次	2022 年 11 月第 1 版	
印　　次	2024 年 1 月第 2 次印刷	
定　　价	89.00 元	

前　言

Preface

　　混凝土被广泛应用于水利水电、土木等诸多工程结构中,是重力坝、拱坝、水闸等水工建筑物的主要建筑材料。在不良地质条件、外部荷载、温度变化、环境侵蚀、混凝土材料性能劣化等因素的综合作用下,混凝土结构可能出现不同程度的损坏现象,对其长效运行造成不利影响,甚至可能引起整体失效。因此,混凝土结构的失效破坏风险评估与安全控制一直是水利水电和土木领域中的热点方向,而准确分析混凝土的损伤演化过程以揭示真实的破坏机制则是亟须解决的首要难题。

　　作为典型的随机多尺度准脆性材料,混凝土在宏观结构尺度上可被视为均匀材料,而在细观材料尺度上,则是一种骨料随机分布在砂浆基质中、内含初始缺陷的多相复合材料。由于骨料界面和初始缺陷是混凝土的薄弱部位,以及骨料形态、粒径、分布具有随机性,这不仅使混凝土的宏观力学参数具有离散性,还导致混凝土开裂的位置和路径受控于其细观结构,主要表现为将混凝土宏观开裂破坏直接归因于细观损伤的萌生、扩展、集聚和贯通,这种宏细观尺度相关性表明混凝土材料与结构属于复杂多尺度力学系统,其损伤开裂过程具有跨尺度演进的特征。

　　本书融合了作者多年来在混凝土宏细观损伤分析与多尺度模拟方面的研究成果,共有11章,包括混凝土损伤宏观分析模型与方法、细观分析模型与方法以及宏细观多尺度模拟等三部分内容。第1章简要介绍了本书研究工作的背景和现状;第2章介绍了混凝土经典 MAZARS 损伤本构模型在ABAQUS 中的数值实现方法及其应用实例;第3章介绍了 MAZARS 模型的非局部化及其数值实现方法;第4章介绍了一种混凝土局部损伤裂缝带模型;

第5章介绍了混凝土随机骨料模型的二维建立方法及其在细观损伤分析中的应用;第6章介绍了一种混凝土三维随机骨料模型的高效生成方法及其应用;第7章探讨了界面过渡区力学特性对混凝土断裂性能的影响;第8章介绍了全级配与湿筛混凝土拉伸断裂性能差异的形成机制及其影响因素;第9章介绍了大骨料混凝土应变局部化中不同粒级粗骨料的作用效应;第10章介绍了一种基于双重网格的混凝土自适应宏细观协同多尺度模拟方法;第11章介绍了一种混凝土跨尺度损伤开裂自适应宏细观递进多尺度模拟方法。

衷心感谢河海大学水工结构学科为作者提供的一流研究平台。本书第一作者指导的已毕业及在读研究生黄叶飞、荆帅召、金永苗、周昌巧、王绍洲、崔姗姗、姜磊、黄思远等参加了本书部分内容的研究工作,在此谨致谢忱。本书研究工作得到了国家自然科学基金项目(51979092,51739006)的资助,在此表示感谢。同时,也感谢河海大学出版社的大力支持,使本书能够顺利出版。

限于作者的学术水平,书中难免存在错误和不足之处,恳请读者不吝赐教。

作者

2022 年 9 月于河海大学芝纶馆

目　录

Contents

第 1 章

绪论

1.1 研究背景及意义

混凝土作为一种最常用的土木工程材料,大量运用在水工结构、桥梁、隧道等土木结构中,具有强度高、耐久性强、抗腐蚀和防渗性好等优点,但混凝土在浇筑施工和长期服役过程中,或者极端工况下会发生开裂甚至破坏,严重影响结构的工作性态与安全。中国在大坝建设方面已经取得了巨大成就,近 30 年来建造的混凝土坝具有质量好、安全可靠等优点,特别是经受住了 1998 年中国特大洪水和 2008 年汶川大地震的考验[1]。但是,开裂问题在大体积混凝土结构浇筑和运行期间仍然不可避免[2]。虽然在大坝设计和浇筑期间均按规范要求进行了防裂控制,但由于施工不当和不可预测的环境变化等因素,大坝仍然可能产生裂纹,使结构"带病工作"。

由此可见,建立近真实刻画结构局部(材料层次)开裂损伤分析方法,并提出含损伤结构整体安全性能评估方法,是混凝土结构安全工程的重中之重,也是计算固体力学的前沿问题。其中涉及了三个层面的内容,包括混凝土宏观损伤分析方法、混凝土细观损伤分析方法和混凝土宏细观多尺度分析方法,也是本书的三部分内容。宏观损伤分析起步早,已较为成熟,细观损伤分析方法于近 10 年内发展迅猛,本书前两部分内容分别从宏观和细观尺度建立损伤分析方法。相比之下,跨越宏观和细观的多尺度损伤分析方法仍有待发展,这便是本书第三部分内容的价值所在。

大体积混凝土结构通常为百米级,配比中骨料通常为厘米级,结构层次上混凝土可视为拉压异性的各向同性材料。试验室所采用的混凝土试件若尺寸过小,其各项物理性能受到内部骨料随机分布的影响,不能体现混凝土宏观的物理性能。对此在材料层次定义混凝土的代表体积单元(Representative Volume Element,RVE),当试件大于这一尺寸时,试件的物理性能可作为均质材料的宏观物理性能,这便是传统多尺度研究的理论依据。数值仿真方面,根据研究对象和目的的不同,选择不同的尺度,如图 1.1 所示。在宏观尺度(macro-scale),将混凝土构件或结构假定为均质且各向同性的连续体,相当于混凝土材料性能的工程平均,是工程设计校核所必需的。在细观尺度(meso-scale),将混凝土材料视为由骨料、砂浆和位于二者之间的界面过渡区(interfacial Transient Zone,ITZ)组成的三相复合材料。砂浆中随机分布的骨料大小形状各异,且骨料与砂浆之间的界面过渡区是材料的薄弱环节,这种非均匀性造成材料变形时的局部应力集中,极大限制了混凝土抗拉强度的提升。在微观尺度(micro-scale),利用 X 射线、红外光谱、电子显微镜以及核磁共振成像等技术对硬化水泥的水化产物、孔隙结构和骨料的岩性、组分结构进行观察分析,可确定组分的力学性能和破坏机理。根据研究的不同问题,本书章节将选取不同尺度以及相应的不同方法对混凝土和混凝土结构的力学响应和损伤演化过程进行阐述。

$10^3 \geqslant l > 10^{-1}$m 10^{-1}m$\geqslant l > 10^{-4}$m 10^{-4}m$\geqslant l > 10^{-8}$m

宏观尺度   细观尺度   微观尺度

图 1.1　混凝土的不同研究尺度

1.2　混凝土宏观损伤分析

宏观尺度刻画混凝土裂缝的方法主要分为离散裂缝模型与弥散裂缝模型两类模型[3]。离散裂缝模型以扩展有限单元法[4]为代表,模型能够显性地描述裂缝处的非连续状态,并定量分析裂缝宽度。在模拟裂缝扩展方面,根据裂缝两边是否可以传递应力,离散裂缝模型又可细分为线弹性断裂力学模型和非线性断裂力学模型。线弹性断裂力学模型假设裂缝两边完全分离,只在裂尖存在应力传递,通过计算裂尖应力强度因子来判断裂缝的扩展方向;非线性断裂力学模型假设裂缝两边仍可传递应力。黏结裂缝模型[5]假设裂缝两边存在黏结力,且随着裂缝张开或错动而逐渐减小,通过应变软化过程描述能量耗散,通过将零厚度黏结裂缝单元插设到目标区域的网格中[6]或采用随裂缝扩展而动态插设的方法[7]模拟裂缝起裂、扩展与闭合,但黏结裂缝单元的应变软化会使整体刚度矩阵奇异而造成收敛困难。需要指出,离散裂缝模型需要不断侦测裂缝尖端扩展并在相应积分点引入弱不连续性条件,在三维群裂缝和裂缝交叉问题方面存在理论瓶颈,因此较难运用于复杂工程结构的计算校核。

弥散裂缝模型将裂缝均匀分布于积分点区域混凝土内,通过引入损伤因子与应力或应变演化关系[8, 9],赋予力学本构刻画混凝土裂缝起裂、扩展与闭合行为的能力。此类模型存在应变局部化问题,即有限单元尺寸趋近于零时裂缝扩展中的能量耗散也趋于零,故存在网格依赖性。混凝土作为一种准脆性材料,材料内部存在大量的微空洞、微裂纹,在骨料与砂浆的胶结面极易开裂,微裂缝损伤进一步发展、聚合等并逐渐积聚,发展为宏观裂缝,表现为断裂,承载能力完全丧失。且在单轴受拉实验中发现,断裂能释放与拉伸方向尺寸无关,这极大限制了弥散裂缝模型描述混凝土准脆性断裂过程的准确性。对此,Hillerborg[5]的断裂能理论和 Bažant[10]的裂缝带模型成功地限制了局部化的程度,成为非局部化模型。其次,混凝土具有强拉压异性和单向效应,其抗压强度约为抗拉强度的十倍,且拉伸开裂后反向压缩后仍具有较高承载力。因此,模型需引入双标量损伤,分别定义拉损伤和压损伤衡量拉伸和压缩状态下的混凝土材料劣化现象,并且对应的自由能也分别度量。在众多模型中,混凝土塑性损伤(Concrete Damage Plastic,CDP)模型[11][12]最具代表性。弥散裂缝模型能准确描述裂缝的开展和闭合过程,计算高效,在混凝土结构的断裂模拟中广泛使用[13]。

离散裂缝模型与弥散裂缝模型的建立主要采用宏观唯象学方法,即是在分析归纳试验所得宏观力学特性的基础上通过数学抽象建立模型,建模过程中不考虑混凝土细观非均质性。因此,现阶段混凝土结构的破坏分析仍是在单一宏观结构尺度上开展的,其基本假定是混凝土材料是"均匀"的。"均匀性"假定一方面通过将混凝土结构破坏分析简化为单一宏观结构尺度问题,降低了计算实施的难度,另一方面致使宏观分析方法无法考虑破坏过程,因此本质上具有跨尺度演进特征的固有缺陷。

1.3 混凝土细观损伤分析

宏观尺度上的非线性力学行为与其细观尺度上非均匀的材料组成密切相关。在细观尺度,将混凝土材料视为由骨料、砂浆和 ITZ 组成的三相复合材料。基于有限单元法(Finite Element Method,FEM)的混凝土细观研究的基本方法是:划分混凝土材料不同组分的空间区域(数值重构),对不同组分划分网格(离散化),对不同物质单元赋予不同物理性质,通过均质化算法获得细观试件的宏观性能,以揭示细观材料结构变化引起的混凝土宏观性能演化的作用机理。该方法被广泛运用于静、动力学计算和多场耦合分析中,且计算结果与试验数据极为吻合,说明细观数值方法的可行性。Unger 等人[14]在细观尺度上模拟了大尺寸混凝土试件的静力学响应,验证了混凝土细观模拟方法多尺度研究的可行性。Kim 等人[15]利用细观模拟方法研究了混凝土骨料形状、骨料含量、骨料与砂浆界面过渡区(ITZ)强度以及 ITZ 厚度等因素对混凝土抗拉和抗压力学性能的影响。Xiao 等人[16]利用细观模拟方法研究了回收骨料混凝土的拉、压性能。Montero-Chacón 等人[17]利用细观模拟方法研究了混凝土孔隙率对宏观力学性能的影响。在动力学方面,Du 等人[18]和 Zhou 等人[19]研究了加载速度对混凝土拉伸开裂的影响,Zhou 等人[20]研究了接触性爆炸导致混凝土板碎裂的过程。多场耦合计算方面,Du 等人[21]利用细观尺度 FEM 研究了氯离子侵蚀对混凝土的作用,Shen 等人[22,23]研究了混凝土开裂过程中的导热性能,Hain 等人[24]研究了冻融过程对高性能混凝土的损伤,Zhao 等人[25]研究高温作用下混凝土开裂损伤的机理。

混凝土的细观数值研究有三大要素,即数值试件的骨料投放、网格划分以及各组分材料参数的选取。对应上述三点要素,三维细观数值模拟有三个难点,分别是:三维数值试件骨料含量低于实际含量、ITZ 单元的划分以及 ITZ 性能参数确定。

1.3.1 材料数值重构

混凝土细观分析的第一步便是生成真实反映混凝土材料骨料分布的数值试件。通常有两种途径,比较简便实用的方法是,遵循 Fuller 曲线中骨料级配的分布规律,利用随机投放算法,完成多面形体、球体或者椭球体骨料在限定体积内的放置。该方法能够简便快速获得细观数值试件,且能反映混凝土的细观材料结构。Bažant 等人[26]介绍了将球形骨料从大到小随机投放入试件体积内的方法。Wriggers 等人[27]也给出了类似的随机骨料投放方法,并指出骨料最小级配越小,试件内极限骨料体积含量越高,但同时会引起巨大的计算负担。因此在最小骨料尺寸(cut-off)取值合理的情况下,骨料的体积含量不超过 45%。Xu 等人[28]给出了多面体和椭球体骨料的投放方法,其极限骨料体积含量为 50%。Du 等人[29]的多面体的投放方法能够生成 55% 骨料体积含量的全级配混凝土数值试件,但由于背景网格法的使用,实际计算时骨料体积含量不超过 45%。另一种途径是对实际的混凝土试件进行 CT 或者 X-ray 扫描,获得其内部骨料位置和形状信息,通过图像处理手段生成混凝土细观数值试件。毫无疑问,该方法完整地反映混凝土细观材料结构,但操作复杂,且成本随试件体积的增大而增大,未被广泛使用。

不难发现,随机投放法的弊端在于骨料体积含量较低,无法达到实际工程中使用的混凝土骨料体积含量水平。而采用成像技术建立细观数值模型工作成本过高。因此,本书在细观模拟方法部分基于三重点云提出了一种全集配混凝土三维细观数值试件的方法,克服了上述问题。

1.3.2 细观模型离散化

在获得反映混凝土细观结构的数值试件后,下一步就是离散化(划分网格)。需要强调,由于 FEM 对网格具有较强的依赖性,单元形状和尺寸都可能影响计算结果的正确性,因此网格划分的合理性也是细观数值研究的重要步骤。试件网格划分可分为两大类:背景网格法和组分独立绘制网格方法[30]。

背景网格法就是将试件先划分为尺寸均匀且形状规则的单元,生成背景网格。然后根据骨料和砂浆边界与背景网格之间的空间投影关系,将规则的单元分类为骨料、砂浆和 ITZ 单元。该方法能够极大程度简化细观数值试件网格划分,但同时却会破坏细观试件中原有材料结构。如需保留细观材料结构,则需要将背景单元尺寸设置得足够小,但如此单元数量随之成三次方增长,计算成本难以接受。Du 等人[31]和 Huang 等人[32]分别使用随机骨料投放法和 X-ray 获得细观数值试件,利用背景网格法划分网格,研究混凝土的力学性能。

另一大类为不同组分独立绘制网格,其优点是骨料与砂浆之间界面清晰,能够反映细观材料结构。但不同的研究中,对于 ITZ 单元的处理方法有所不同。ITZ 是骨料与砂浆之间的过渡黏合面,是混凝土的薄弱环节,其厚度在 $20\sim60$ μm 之间[33]。因此如将界面视为无厚度的黏聚力单元,可降低网格划分难度,同时节约计算成本。另一种方法名为骨料扩展法[30],即在骨料和砂浆之间生成厚度均匀的 ITZ 薄层单元。该法能够完美地反映细观材料结构,计算成本适中。但 ITZ 单元厚度受到有限元网格质量的制约,单元厚度与特征长度之间相差不能过大。

1.3.3　界面过渡区

细观分析的第三步就是设置材料参数。骨料和砂浆的参数可以通过试验直接测量,准脆性材料的塑性损伤模型能够较好地模拟其力学性能,但 ITZ 的各项物理性能无法直接获取。ITZ 其实是孔隙率较高的砂浆,其弹性模量和拉伸强度比砂浆稍弱,因此会选择折减砂浆的力学性能作为 ITZ 的参数。Xiao 等人[34]利用纳米压痕技术对回收骨料混凝土的 ITZ 开展研究,发现 ITZ 的厚度为 $40\sim65$ μm,其弹性模量约为砂浆的 $70\%\sim90\%$,随后通过模拟与试验的对比确定折减因子约为 $0.8\sim0.85$。He 等人[35]采用电子显微镜-数字图像相关(SEM-DIC)联合技术测得 ITZ 法向压缩弹性模量约为砂浆的 33%。基于上述数值和实验研究,ITZ 参数可通过数值模拟试验数据反演确定折减系数。

1.4　混凝土宏-细观多尺度数值模拟

理论上直接采用混凝土细观分析方法开展结构破坏分析是可行的,可以充分体现材料细观随机结构对混凝土结构破坏的影响,但受限于计算机技术水平难以实施[36]。因此,在可以兼顾计算效率与分析精度的多尺度结构分析理论框架中,提出适用于混凝土结构破坏分析的新方法,是实现混凝土结构跨尺度演进破坏分析的现实选择。

区别于单一尺度结构分析方法,多尺度结构分析方法是在结构分析中考虑两种或两种以上空间尺度并以相对较低的计算代价获取较高精度分析结果的一类复合材料结构现代计算分析方法。依据尺度连接方法的不同,可将现有多尺度分析方法分为协同多尺度分析方法和递进多尺度分析方法。对于同时涉及宏观尺度结构层次和细观尺度材料层次的结构分析问题,协同多尺度分析方法是在数值分析中通过边界连接实现宏观尺度计算区域和细观尺度计算区域的联立求解,而递进多尺度分析方法则是通过在宏观尺度下形成等效均匀材料本构关系的过程中考虑细观材料结构的方式实现尺度连接[37]。

1.4.1 协同多尺度方法

协同多尺度方法[38]是用宏观尺度数值模型与细观尺度数值模型协同研究混凝土破坏的一种方法,以一种直观的方式将宏观尺度数值模型与细观尺度数值模型结合在一起,用宏观模型模拟弹性区域,用细观模型模拟损伤区域,以此兼顾数值模拟的高效性和准确性。Fish 等人[39]提出了一种适用于非均匀材料的多重网格法用于材料的多尺度分析。Eckardt 等人[40]采用约束方程法实现宏-细观尺度连接,在有限单元法框架内提出了混凝土损伤分析的非均匀多尺度方法,通过约束方程实现损伤区与弹性区边界的耦合,实现了位移协调并实现了损伤区从宏观尺度到细观尺度的自适应转化。Unger 等人[14]对比分析了约束方程法、Mortar 法及 Arlequin 法等尺度连接方法的优缺点,建立了混凝土自适应宏细观协同有限元模型。Lloberas-Valls 等人[41]在区域分解法框架内,对比分析了区域间非重叠网格的强、弱尺度连接方法,并提出了一种改进的弱尺度连接方法。Sun 等人[42]在通过采用均匀宏观网格简化宏-细观界面动态调整的基础上模拟了混凝土柱在动力荷载作用下的自适应跨尺度破坏过程。为简化细观建模、便于形成非重叠网格与实施宏-细观尺度连接,以上方法均采用了均匀规则的宏观网格。陈志文等人[36]提出对于大型土木而言,由于自身构型特点以及施工质量难控而容易形成孔洞、微裂纹等先天缺陷,这些缺陷会导致整体结构可能处于弹性阶段而发生局部失效,因此进行结构损伤分析必须是多尺度模拟并且是协同计算。Bitencourt 等人[43]提出耦合单元的概念,以此实现了非协调网格之间的耦合计算,并通过算例说明该方法可用于宏细观协同多尺度分析方法中耦合宏观尺度网格与细观尺度网格以保证位移的连续性。Rodrigues 等人[44]通过耦合单元实现了宏观尺度模型与细观尺度模型非协调重叠网格的连接,以最大拉应力为自适应指标自动确定损伤区的范围,但最大拉应力作为自适应指标不适用于模型处于复杂应力状态下的情况。邱莉婷等人[45]采用非局部等效应变最大值与非局部等效应变增量值之和作为下一加载步的非局部等效应变预测值,该预测值作为区域是否进入损伤的判据。卿龙邦[46]等人将协同多尺度方法用于混凝土重力坝的数值分析中,用混凝土细观模型模拟重力坝的裂缝扩展区,非裂缝扩展区域用宏观模型模拟,以此对大坝断裂全过程进行模拟,得到裂缝的扩展路径,但是该模型中细观模型与宏观模型之间为协调网格且指定了混凝土开裂区域。综上所述,协同多尺度方法概念直观明确,无须尺度分离与存在代表性体积单元这一假定和前提,因而在协同多尺度框架内提出适用于混凝土结构损伤开裂过程分析的创新方法是可行的。

采用协同多尺度方法进行混凝土结构损伤开裂过程的分析同样会存在问题,其一是由于实际混凝土结构受力复杂,通常不能在分析前准确确定损伤区的位置与范围,故需在分析过程中依据结构当前受力状态确定损伤区(细观区域)与弹性区(宏观区域),且随着受力状态的改变,混凝土结构的损伤区与弹性区的位置与范围一般也会发生改变,这要求宏细观协同有限元模型能够动态更新;其二是在宏细观协同有限元模型中,宏观有限元模型与细观有限元模型连接处网格非协调,为实现协同有限元分析需通过非协调网格连接来保证宏观有限元模型与细观有限元模型连接处的变形协调。因此,在本书第三部分依托协同多尺度方法,建立混凝土结构破坏过程的高效分析方法,分析混凝土结构的损伤开裂过程。

1.4.2 递进多尺度分析方法

对于递进多尺度,最常用的方法是计算均匀化或渐进均匀化,采用应变驱动,包括宏观和细观之间的信息传递向下扩展即局部化和向上扩展即均匀化两个过程。局部化时,根据宏观应变得出细观边界条件位移或力;均匀化时,将细观结果中的应力和结构刚度转化为宏观分析所需的参数[47]。细观边界条件有 Dirichket 边界条件即均匀应变边界条件、Neuman 边界条件即均匀应力边界条件以及周期性边界条件[48]。Terada 等人[49]指出在统计均匀材料的边界条件中,周期性边界条件可以提供最合理的边界条件估计,同时也证明了单元尺寸合理时,渐进均匀化可用于非均质材料的分析,为合理预测非均匀材料的细观和宏观力学行为提供了可靠的方法。Drago 等人[50]通过对非均匀材料的三种细观边界条件进行研究发现均匀应变边界条件和均匀应力边界条件得到的材料宏观性能没有周期性边界条件得到的材料宏观性能精准。

按照是否给定宏观等效均匀材料的本构模型理论表达,又可分为非耦合递进多尺度分析方法和耦合递进多尺度分析方法两种。在非耦合递进多尺度分析方法中,需要预先确定宏观尺度下等效均匀材料本构模型的理论表达,细观材料分析仅用于确定等效均匀材料的本构参数,信息在多尺度计算过程中单向传递,可以节省大量的计算时间,所以有很高的计算效率。但由于该方法只获得材料均匀化的宏观等效参数,而不能反过来获得宏观尺度上的物理量信息(如应力、应变),所以较难运用到材料的弹塑性、断裂、破坏等非线性多尺度分析中。非耦合递进多尺度分析方法在复合材料力学性能的分析中有着广泛的应用。Guedes 等人[51]利用非耦合递进多尺度的思想,假设复合材料具有周期性,并且能够计算材料结构内的局部应力和应变分布,通过引入有限元逼近方法确定复合材料初始弹性模量。Peerlings 和 Fleck[52]指出在均匀化方法中,材料有一个细观结构为周期性的必要条件,对于细观结构不满足周期性的材料可以通过定义代表性体积单元来满足细观结构周期性这一必要条件,即需要代表性体积单元包含足够多的细观结构特征以使其周期性扩展能代表真实的无序细观结构,但这会需要较高的计算资源。

在耦合递进多尺度分析方法中,信息在多尺度计算过程中双向传递,无须给定宏观等效均匀材料本构模型的理论表达,宏观尺度下结构分析所需的等效均匀材料本构关系,需通过宏观结构分析与细观材料分析之间的耦合来确定。耦合递进多尺度分析方法是基于计算均匀化方法[53]提出的一种多尺度结构分析理论,其基本思想是通过求解由宏观力学量(通常为应变)驱动的细观尺度 RVE 边值问题,来为宏观结构计算提供所需的本构关系。具体来说,细观模型与宏观模型通过宏观应力-应变关系建立起联系。而无须通过本构方程定义宏观应力-应变关系,宏观积分点的应力与切线刚度矩阵可由细观模型计算结果均质化求得[47]。Lee 和 Gosh[54]将渐近均匀化理论与 Voronoi 细胞有限元模型相结合,提出了耦合递进多尺度有限元框架,并将其应用于非均质周期性材料(多孔和复合材料)弹塑性分析。Feyel 和 Chaboche[55]通过有限元方法求解宏观模型与细观模型,从而建立起了耦合递进多尺度有限元分析模型,用于模拟具有周期性结构纤维增强复合材料的力学行为。Tchalla[56]等人编制了相关程序在商业有限元软件中实现了耦合递进多尺度有限元框架,并将其用于周期性复合材料和结构建模计算。

递进多尺度方法使用的前提是宏观材料的均匀性和 RVE 的周期性分布,但是这种假定在大多数情况下较难实施,即使可以通过扩展代表性体积单元的体积解决周期性问题,但是相应的会增加计算量,并且递进多尺度对涉及局部性、失效和不稳定性的问题预测能力有限，由于这种局限性，很大程度上制约了递进多尺度的发展。在本书第三部分依托递进多尺度方法，建立一种跨尺度自适应递进有限元分析方法，实现变尺寸细观模型条件下宏细观递进分析混凝土结构的损伤开裂过程。

1.5　本书主要内容

本书分为三大部分：第一部分混凝土宏观损伤分析；第二部分混凝土细观损伤分析；第三部分混凝土宏细观多尺度数值模拟。

第一部分包括三个章节。

（1）基于 MAZARS 损伤模型基本理论与 ABAQUS 提供的用户材料模型接口，实现 MAZARS 损伤模型的二次开发。在此基础上，通过开展混凝土单轴拉伸破坏过程模拟验证了程序开发的正确性，并运用于混凝土重力坝、拱坝损伤破坏分析。

（2）在前章节工作基础上，提出基于 MAZARS 损伤模型的混凝土宏观非局部化损伤分析方法，实现其在 ABAQUS 平台二次开发，通过算例分析验证了程序的正确性和所提方法的可行性。

（3）在前章节 MAZARS 损伤模型与裂缝带理论的基础上，建立一种混凝土局部损伤裂缝带模型，实现在分析中依据单元网格尺寸自适应确定模型参数，对算例进行数值模拟，验证模型的有效性和程序编制的正确性。

第二部分包括五个章节。

（1）提出了一种新的全级配混凝土二维、三维细观结构生成方法。方法通过在投放域内形成具有空间结构的多重点云以及骨料分级聚合，可以实现骨料的高效投放和满足全级配混凝土高骨料含量的要求。

（2）基于前章节细观结构生成方法，开展二维、三维混凝土试件单轴拉压破坏数值模拟，进一步利用数值方法探究界面过渡区力学特性和骨料集配对水工混凝土断裂性能的影响。

（3）基于前章节细观分析方法，探究应变局部化区域的主要分布特征对四级配大骨料混凝土宏观开裂破坏行为的影响，旨在为合理简化大骨料混凝土细观计算提供参考。

第三部分包括两个章节。

（1）提出了一种基于双重网格的混凝土自适应宏细观协同有限元分析方

法,可在兼顾效率与精度的前提下,实现考虑细观材料结构的混凝土损伤开裂跨尺度演化过程自适应分析。

(2) 提出了一种混凝土跨尺度损伤开裂自适应宏细观递进有限元分析方法,可在分析中自适应建立与宏观积分点关联的细观模型,实现变尺寸细观模型条件下宏细观递进分析。

1.6 参考文献

[1] 贾金生,袁玉兰,郑璀莹,等. 中国 2008 年水库大坝统计、技术进展与关注的问题简论 [C]. 第一届堆石坝国际研讨会,成都,2009.

[2] 潘家铮,何璟. 中国大坝 50 年 [M]. 北京:中国水利水电出版社,2000.

[3] 龙渝川,张楚汉,周元德. 基于弥散与分离裂缝模型的混凝土开裂比较研究 [J]. 工程力学,2008(3):80-84.

[4] 余天堂. 扩展有限单元法:理论、应用及程序 [M]. 北京:科学出版社,2014.

[5] HILLERBORG A, MODÉER M, PETERSSON P E. Analysis of Crack formation and Crack Growth in Concrete by Means of Fracture Mechanics and Finite Elements [J]. Cement and Concrete Research, 1976, 6(6):773-781.

[6] SU X T, YANG Z J, LIU G H. Monte Carlo Simulation of Complex Cohesive Fracture in Random Heterogeneous Quasi-Brittle Materials: A 3d Study [J]. International Journal of Solids and Structures, 2010, 47(17):2336-2345.

[7] YU R C, RUIZ G. Explicit Finite Element Modeling of Static Crack Propagation in Reinforced Concrete [J]. International Journal of Fracture, 2006, 141(3):357-372.

[8] MAZARS J, BOERMAN D J, PIATTI G. Mechanical Damage and Fracture of Concrete Structures [C]. Proceedings of The Advances in Fracture Research (ICF-5), New York, 1982:1499-1506.

[9] LORRAIN M, LOLAND K E. Damage Theory Applied to Concrete [J]. Developments in Civil Engineering, 1983:341-369.

[10] BAŽANT Z P, OH B H. Crack Band Theory for Fracture of Concrete

[J]. Matériaux Et Construction, 1983, 16(3): 155-177.

[11] LEE J, FENVES G L. Plastic-Damage Model for Cyclic Loading of Concrete Structures [J]. Journal of Engineering Mechanics, 1998, 124 (8): 892-900.

[12] LUBLINER J, OLIVER J, OLLER S, et al. A Plastic-Damage Model for Concrete [J]. International Journal of Solids and Structures, 1989, 25(3): 299-326.

[13] CHEN G M, CHEN J F, TENG J G. On The Finite Element Modelling of Rc Beams Shear-Strengthened with Frp [J]. Construction and Building Materials, 2012, 32: 13-26.

[14] UNGER J F, ECKARDT S. Multiscale Modeling of Concrete [J]. Archives of Computational Methods in Engineering, 2011, 18(3): 341-393.

[15] KIM S-M, ABU AL-RUB R K. Meso-Scale Computational Modeling of The Plastic-Damage Response of Cementitious Composites [J]. Cement and Concrete Research, 2011, 41(3): 339-358.

[16] XIAO J, LI W, CORR D J, et al. Effects of interfacial Transition Zones On The Stress – Strain Behavior of Modeled Recycled Aggregate Concrete [J]. Cement and Concrete Research, 2013, 52: 82-99.

[17] MONTERO-CHACÓN F, MARÍN-MONTÍN J, MEDINA F. Mesomechanical Characterization of Porosity in Cementitious Composites by Means of A Voxel-Based Finite Element Model [J]. Computational Materials Science, 2014, 90: 157-170.

[18] DU X, JIN L, MA G. Numerical Simulation of Dynamic Tensile-Failure of Concrete At Meso-Scale [J]. International Journal of Impact Engineering, 2014, 66: 5-17.

[19] ZHOU X Q, HAO H. Mesoscale Modelling of Concrete Tensile Failure Mechanism At High Strain Rates [J]. Computers & Structures, 2008, 86(21 – 22): 2013-2026.

[20] ZHOU X Q, HAO H. Mesoscale Modelling and Analysis of Damage and Fragmentation of Concrete Slab Under Contact Detonation [J]. International Journal of Impact Engineering, 2009, 36(12): 1315-

1326.

[21] DU X, JIN L, MA G. A Meso-Scale Numerical Method for The Simulation of Chloride Diffusivity in Concrete [J]. Finite Elements in Analysis and Design, 2014, 85: 87-100.

[22] SHEN L, REN Q, ZHANG L, et al. Experimental and Numerical Study of Effective Thermal Conductivity of Cracked Concrete [J]. Construction and Building Materials, 2017, 153: 55-68.

[23] SHEN L, REN Q, XIA N, et al. Mesoscopic Numerical Simulation of Effective Thermal Conductivity of Tensile Cracked Concrete [J]. Construction and Building Materials, 2015, 95: 467-475.

[24] HAIN M, WRIGGERS P. Computational Homogenization of Micro-Structural Damage Due to Frost in Hardened Cement Paste [J]. Finite Elements in Analysis and Design, 2008, 44(5): 233-244.

[25] ZHAO J, ZHENG J-J, PENG G-F, et al. A Meso-Level investigation into The Explosive Spalling Mechanism of High-Performance Concrete Under Fire Exposure [J]. Cement and Concrete Research, 2014, 65: 64-75.

[26] BAŽANT Z P, TABBARA M R, KAZEMI M T, et al. Random Particle Model for Fracture of Aggregate or Fiber Composites [J]. Journal of Engineering Mechanics, 1990, 116(8): 1686-1705.

[27] WRIGGERS P, MOFTAH S O. Mesoscale Models for Concrete: Homogenisation and Damage Behaviour [J]. Finite Elements in Analysis and Design, 2006, 42: 623-636.

[28] XU Y, CHEN S. A Method for Modeling The Damage Behavior of Concrete with A Three-Phase Mesostructure [J]. Construction and Building Materials, 2016, 102: 26-38.

[29] DU C, SUN L, JIANG S, et al. Numerical Simulation of Aggregate Shapes of Three-Dimensional Concrete and Its Applications [J]. Journal of Aerospace Engineering, 2013, 26(3): 515-527.

[30] SHUGUANG L, QINGBIN L. Method of Meshing ITZ Structure in 3d Meso-Level Finite Element Analysis for Concrete [J]. Finite Elements in Analysis and Design, 2015, 93: 96-106.

[31] DU C-B, SUN L-G. Numerical Simulation of Aggregate Shapes of Two-Dimensional Concrete and Its Application1 [J]. Journal of Aerospace Engineering, 2007, 20(3): 172-178.

[32] HUANG Y, YANG Z, REN W, et al. 3d Meso-Scale Fracture Modelling and Validation of Concrete Based On in-Situ X-Ray Computed tomography Images Using Damage Plasticity Model [J]. International Journal of Solids and Structures, 2015, 67-68: 340-352.

[33] SCRIVENER K L, CRUMBIE A K, LAUGESEN P. The interfacial Transition Zone (ITZ) Between Cement Paste and Aggregate in Concrete [J]. Interface Science, 2004, 12(4): 411-421.

[34] XIAO J, LI W, SUN Z, et al. Properties of interfacial Transition Zones in Recycled Aggregate Concrete Tested by Nanoindentation [J]. Cement and Concrete Composites, 2013, 37: 276-292.

[35] HE J, LEI D, XU W. In-Situ Measurement of Nominal Compressive Elastic Modulus of interfacial Transition Zone in Concrete by Sem-Dic Coupled Method [J]. Cement and Concrete Composites, 2020, 114: 103779.

[36] 陈志文, 李兆霞, 卫志勇. 土木结构损伤多尺度并发计算方法及其应用 [J]. 工程力学, 2012, 29(10): 205-210.

[37] EE W, ENGQUIST B. The Heterogeneous Multi-Scale Method [J]. Communications in Mathematical Sciences, 2002, 1(1): 87-132.

[38] RODRIGUES E A, GIMENES M, BITENCOURT JR L A G, et al. A Concurrent Multiscale Approach for Modeling Recycled Aggregate Concrete [J]. Construction and Building Materials, 2021, 267: 1-19.

[39] FISH J, BELSKY V. Multi-Grid Method for Periodic Heterogeneous Media Part 2: Multiscale Modeling and Quality Control in Multidimensional Case [J]. Computer Methods in Applied Mechanics and Engineering, 1995, 126(1): 17-38.

[40] ECKARDT S, KÖNKE C. Adaptive Damage Simulation of Concrete Using Heterogeneous Multiscale Models [J]. Journal of Algorithms & Computational Technology, 2008, 2: 275-297.

[41] LLOBERAS-VALLS O, EVERDIJ F, RIXEN D, et al. Concurrent

Multiscale Analysis of Heterogeneous Materials [J]. Civil Engineering and Geosciences，2012，10-14：1-15.

[42] SUN B，LI Z. Adaptive Concurrent Multi-Scale Fem for Trans-Scale Damage Evolution in Heterogeneous Concrete [J]. Computational Materials Science，2015，99：262-273.

[43] BITENCOURT L A G，MANZOLI O L，PRAZERES P G C，et al. A Coupling Technique for Non-Matching Finite Element Meshes [J]. Computer Methods in Applied Mechanics and Engineering，2015，290：19-44.

[44] RODRIGUES E A，MANZOLI O L，BITENCOURT L A G，et al. An Adaptive Concurrent Multiscale Model for Concrete Based On Coupling Finite Elements [J]. Computer Methods in Applied Mechanics and Engineering，2018，328：26-46.

[45] 邱莉婷，马福恒，沈振中，等. 大坝混凝土楔入劈拉试验的并发多尺度区域分解数值模拟 [J]. 水利水电技术，2019，50(8)：195-202.

[46] 卿龙邦，喻渴来，徐东强. 基于扩展有限元法的混凝土重力坝宏细观断裂数值分析 [J]. 水力发电学报，2017，36(6)：94-102.

[47] 邬昆. 非局部多尺度方法及其在混凝土重力坝细观分析中的应用 [D]. 北京:清华大学，2010.

[48] 黄叶飞，徐磊，刘杰，等. 基于 ABAQUS 的水工混凝土细观分析周期性边界条件自动施加 [J]. 三峡大学学报(自然科学版)，2019，41(2)：21-25.

[49] TERADA K，HORI M，KYOYA T，et al. Simulation of The Multi-Scale Convergence in Computational Homogenization Approaches [J]. International Journal of Solids and Structures，2000，37(16)：2285-2311.

[50] DRAGO A，PINDERA M-J. Micro-Macromechanical Analysis of Heterogeneous Materials：Macroscopically Homogeneous Vs Periodic Microstructures [J]. Composites Science and Technology，2007，67(6)：1243-1263.

[51] GUEDES J，KIKUCHI N. Preprocessing and Postprocessing for Materials Based on The Homogenization Method with Adaptive Finite El-

ement Methods [J]. Computer Methods in Applied Mechanics and Engineering, 1990, 83(2): 143-198.

[52] PEERLINGS R, FLECK N. Computational Evaluation of Strain Gradient Elasticity Constants [J]. International Journal for Multiscale Computational Engineering, 2004, 2(4): 599-619.

[53] YUAN Z, FISH J. Toward Realization of Computational Homogenization in Practice [J]. International Journal for Numerical Methods in Engineering, 2008, 73(3): 361-380.

[54] LEE K, GHOSH S. Small Deformation Multi-Scale Analysis of Heterogeneous Materials with The Voronoi Cell Finite Element Model and Homogenization Theory [J]. Computational Materials Science, 1996, 7(1): 131-146.

[55] FEYEL F, CHABOCHE J-L. Fe2 Multiscale Approach for Modelling the Elastoviscoplastic Behaviour of Long Fibre Sic/Ti Composite Materials [J]. Computer Methods in Applied Mechanics and Engineering, 2000, 183(3): 309-330.

[56] TCHALLA A, BELOUETTAR S, MAKRADI A, et al. An Abaqus toolbox for Multiscale Finite Element Computation [J]. Composites Part B: Engineering, 2013, 52: 332-333.

第 2 章
基于 MAZARS 模型的混凝土宏观损伤分析

      混凝土是由粗骨料、砂浆及界面过渡区构成的具有复杂力学特性的准脆性材料,其宏观尺度下的开裂破坏直接归因于细观尺度下裂纹的萌生、扩展与集聚,并呈现出典型的软化特征和应变局部化[1]。现阶段,针对包括混凝土坝在内的各类混凝土结构的破坏过程仿真仍主要在单一宏观尺度下,而准确模拟混凝土材料的损伤破坏特性则是保障仿真分析结果合理性的关键前提[2]。为此,在连续介质力学框架内,相关学者提出了包括损伤模型[3]、塑形模型[4]、弥散裂缝模型[5]等诸多宏观尺度下的混凝土本构模型,为开展混凝土结构开裂破坏过程计算分析奠定了理论基础。其中,由 Mazars 提出的混凝土损伤模型[6](简称为 MAZARS 本构模型)因其概念明确、模型参数标定较为容易等优点已在相关学术界和工程界得到了较为广泛的认可和应用。

      另一方面,通用有限元软件平台 ABAQUS 具有强大的非线性分析能力,已在包括水工结构在内的各类工程结构受力变形分析中得到了广泛应用[7]。为模拟混凝土在不同变形阶段的力学特性,ABAQUS 中内置了面向混凝土材料的非线性本构模型,主要有弥散开裂模型(Smeared Cracking Model)、塑性损伤模型(Damaged Plasticity Model)等,但包括 MAZARS 本构模型在内的其他较为经典的混凝土本构模型尚未被包括在 ABAQUS 提供的材料库中,这在很大程度上限制了在 ABAQUS 平台上开展基于 MAZARS 本构模型的混凝土结构损伤破坏分析。

      为此,本章基于 MAZARS 本构模型基本理论与 ABAQUS 提供的用户材料模型接口,给出了基于 ABAQUS 的 MAZARS 本构模型数值实现流程,进而通过编制 UMAT 子程序对 MAZARS 本构模型进行了二次开发。在此基础上,通过开展混凝土单轴拉伸破坏过程模拟验证了程序开发的正确性,并结合混凝土重力坝、拱坝损伤破坏分析进行了初步应用。

2.1 MAZARS 本构模型

为描述混凝土在渐进破坏过程中材料性能的逐渐劣化,Mazars 等人在损伤力学框架内提出了针对混凝土材料的宏观尺度本构模型[6]。在各向同性线弹性本构模型的基础上,通过引入损伤变量 d 综合考虑混凝土材料由各种因素导致的损伤,可得处于不同变形阶段的混凝土应力-应变关系:

$$\varepsilon_{ij} = \frac{1+v_0}{E_0(1-d)}\sigma_{ij} - \frac{v_0}{E_0(1-d)}\left[\sigma_{kk}\delta_{ij}\right] \tag{2.1}$$

式中:E_0 和 v_0 分别为材料初始弹性模量与泊松比;σ_{ij} 和 ε_{ij} 分别为应力和应变张量;σ_{kk} 为体积应力;δ_{ij} 是 Kronecker 符号。

为区别混凝土抗拉与抗压能力的不同,在 MAZARS 模型中,将损伤变量 d 表达为拉伸损伤变量与压缩损伤变量的加权组合,如式(2.2)所示:

$$d = \alpha_t d_t + \alpha_c d_c \tag{2.2}$$

式中:d_t 与 d_c 分别为拉伸损伤变量与压缩损伤变量;α_t 与 α_c 之和为1,分别表示拉伸损伤权重系数与压缩损伤权重系数,其表达式如下:

$$\alpha_t = \sum_1^3 \left(\frac{\varepsilon_i^t \langle \varepsilon_i \rangle_+}{\tilde{\varepsilon}^2}\right)^\beta \tag{2.3}$$

$$\alpha_c = \sum_1^3 \left(\frac{\varepsilon_i^c \langle \varepsilon_i \rangle_+}{\tilde{\varepsilon}^2}\right)^\beta \tag{2.4}$$

式中:$<\ >_+$ 为 Macauley 括号;β 为模型参数,取值范围一般为[1,1.05];ε_i^t、ε_i^c 分别为与主应力中的拉伸、压缩部分对应的主应变中的拉伸、压缩部分;$\tilde{\varepsilon}$ 为 MAZARS 模型中定义的等效应变,可依据主应变 ε_i($i=1, 2, 3$)值按式(2.5)计算:

$$\tilde{\varepsilon} = \sqrt{\sum_{i=1}^3 (\langle \varepsilon_i \rangle_+)^2} \tag{2.5}$$

在 MAZARS 模型中,以应变历史中产生的最大等效应变为损伤演化方

程的自变量 k 且令其初值为 k_0，并分别考虑拉伸损伤与压缩损伤两种情况，拉伸损伤演化方程与压缩损伤演化方程分别见式(2.6)、式(2.7)。

$$d_t = 1 - \frac{k_0(1-A_t)}{k} - \frac{A_t}{\exp[B_t(k-k_0)]} \tag{2.6}$$

$$d_c = 1 - \frac{k_0(1-A_c)}{k} - \frac{A_c}{\exp[B_c(k-k_0)]} \tag{2.7}$$

式中：k_0 代表混凝土进入损伤阶段的控制阈值(即当 $k=k_0$ 时，处于线弹性变形阶段)，其值可取为混凝土单轴拉伸状态下的峰值拉应变；A_t、B_t、A_c、B_c 为模型参数，对于一般混凝土材料，$0.7 \leqslant A_t \leqslant 1.2$，$1 \leqslant A_c \leqslant 1.5$，$10^4 \leqslant B_t \leqslant 5 \times 10^4$，$10^3 \leqslant B_c \leqslant 2 \times 10^3$。

损伤加载函数 $f(\tilde{\varepsilon}, k)$ 如式(2.8)所示：

$$f(\tilde{\varepsilon}, k) = \tilde{\varepsilon} - k \tag{2.8}$$

当 $f(\tilde{\varepsilon}, k) = 0$ 且 $df = 0$ 时，需令 $k = \tilde{\varepsilon}$，并依据式(2.2)、式(2.3)、式(2.4)、式(2.6)、式(2.7)更新损伤变量 d，在其他情况下，保持 k、d 的数值不变。

在应用 MAZARS 模型模拟混凝土材料本构行为时，需要首先确定 8 个模型参数，包括 E_0、v_0、A_t、B_t、A_c、B_c、k_0 以及 β。其中，通过开展混凝土单轴压缩试验即可确定 E_0、v_0、A_c 与 B_c；通过开展混凝土单轴拉伸试验可确定 k_0、A_t 与 B_t；而 β 的取值可通过开展混凝土剪切试验获取。图 2.1 给出了 MAZARS 模型在一组确定的参数取值下($E_0 = 30$ GPa，$v_0 = 0.2$，$k_0 = 0.000\ 1$，$A_t = 1$，$B_t = 15\ 000$，$A_c = 1.2$，$B_c = 1\ 500$，$\beta = 1$)给出的混凝土单轴压缩与单轴拉伸应力应变曲线[6]，可以看出，MAZARS 模型可以较好地模拟出混凝土在破坏阶段的非线性软化特性。

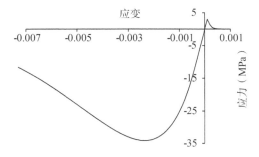

图 2.1　基于 MAZARS 模型的混凝土单轴应力应变曲线

2.2　数值实现及程序开发

近些年来,作为国际上最为先进的非线性有限元分析软件之一,ABAQUS 在混凝土材料与结构破坏分析中的应用日益广泛[8-9]。虽然在 ABAQUS 材料库中针对混凝土的本构模型较少,但用户可利用其提供的材料子程序接口 UMAT 对所需的本构模型进行二次开发。本章基于 UMAT 用户子程序,完成了 MAZARS 本构模型的数值实现。

UMAT 用户材料子程序采用 FORTRAN 语言编写,在从主程序获取必要的数据后,需通过内部运算给出积分点的雅克比矩阵,并更新积分点的应力张量与状态变量。在 UMAT 中对 MAZARS 模型进行数值实现,主要计算步骤如下。

(1) 读取由 ABAQUS 主程序传入的应变列阵、应变增量列阵、状态变量(等效应变历史最大值、损伤变量)列阵、模型参数列阵等数据。

(2) 依据给定模型参数中弹性模量与泊松比计算弹性矩阵。

(3) 计算当前状态下的应变列阵[(1)中的应变列阵与应变增量列阵之和]。

(4) 调用 ABAQUS 子程序 SPRINC 计算当前状态下的主应变。

(5) 依据式(2.5)计算当前状态下的等效应变。

(6) 依据式(2.8)判断材料状态,若等效应变不大于等效应变历史最大值,则保持等效应变历史最大值、损伤变量值不变;若等效应变大于等效应变历史最大值,则更新等效应变历史最大值,并依据式(2.2)、式(2.3)、式(2.4)、式(2.6)、式(2.7)计算并更新损伤变量值。

(7) 依据(6)中给出的损伤变量值,完成应力更新,并基于(2)中的弹性矩阵计算雅克比矩阵 DDSDDE。

图 2.2 给出了所编制的 UMAT 子程序计算流程图。需要说明的是,在分析过程中,ABAQUS 主程序对上述 UMAT 子程序的调用是在积分点的层次上进行的,即在每次整体平衡迭代过程中,均需在对单元循环的基础上对单元中的积分点循环,从而逐一完成每个积分点的应力、雅克比矩阵与状态变量更新。

2.3　算例分析与验证

为了验证 2.2 节中对 MAZARS 本构模型数值实现的正确性和有效性，进行了如下 3 个算例分析。

算例 2.1 应用在 ABAQUS 中二次开发的 MAZARS 模型对一混凝土立方试件(150 mm×150 mm×300 mm)的单轴拉伸全过程进行了数值模拟。采用 C3D8 空间等参数单元对混凝土试件进行网格剖分，单元与结点数量分别为 6750 与 7936，有限元网格见图 2.3。

为模拟单轴拉伸受力状态，对数值模型底面结点施加竖向约束，并在模型顶面施加均布拉伸位移，量值为 0.012 cm。为便于对比分析，模拟中所采用的 MAZARS 模型参数与绘制图 2.1 所示曲线所采用的模型参数相同。图 2.4 给出了模拟所得的不同加载阶段的应力应变散点图(为便于对比分析，图中亦绘制相应的应力应变理论曲线)。图 2.5 给出了在位移加载过程中损伤变量随轴向拉伸应变增大的变化曲线。

从图 2.4—图 2.5 中可以看出，采用所开发的 MAZARS 本构模型子程序可准确地模拟出混凝土试件单轴拉伸损伤破坏全过程，初步验证了程序编制的正确性。

算例 2.2 开展了基于 MAZARS 本构模型的重力坝模型在水压力超载条件下的破坏过程分析，分析中假定坝基为刚性基础。重力坝模型高 60 m，坝底宽 40 m，上游蓄水高度 50 m。MAZARS 模型参数同算例 2.1。结构模型荷载主要考虑坝体自重与上游面水压力，并通过逐步增大水压力分析重力坝模型的渐进破坏过程。

定义实际施加的水压力与初始水压力的比值为 K_w。图 2.6—图 2.8 给出了 K_w 不同取值(2.0、3.0 及 4.0)下的损伤变量分布；图 2.9—图 2.11 给出了 K_w 不同取值(2.0、3.0 及 4.0)下的主拉应力分布。

从以下各图中可以看出，在超载过程中，坝体损伤区首先出现于上游坝踵部位，随后沿着建基面逐渐向下游扩展，与之相应的是坝体主拉应力量值集中部位所在位置逐渐由上游向下游移动，原因在于损伤区上游部位损伤量值增大导致应力释放。上述结果表明，采用本章所开发的 MAZARS 模型子程序可有效地模拟出水压力超载过程中由于坝体底部拉应力量值超过混凝土抗拉强度导致的坝体渐进破坏。

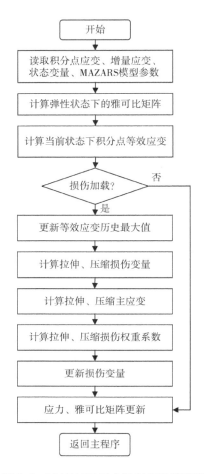

图 2.2　MAZARS 用户子程序计算流程

图 2.3　混凝土试件有限元网格

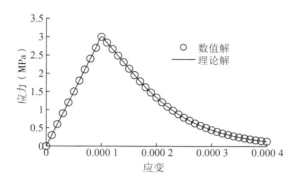

图 2.4 混凝土试件单轴拉伸应力应变曲线

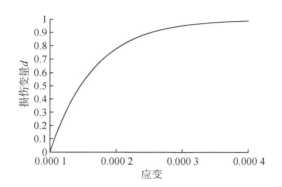

图 2.5 损伤变量变化曲线

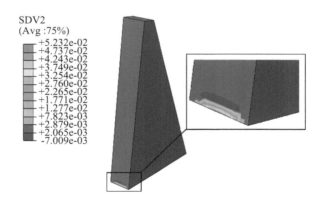

图 2.6 损伤变量分布云图($K_w = 2.0$)

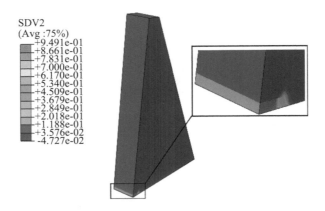

图 2.7　损伤变量分布云图($K_w = 3.0$)

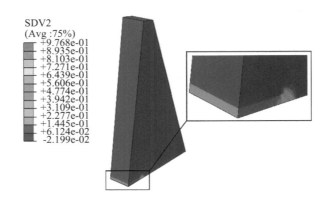

图 2.8　损伤变量分布云图($K_w = 4.0$)

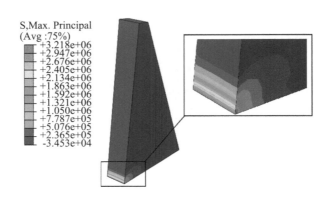

图 2.9　主拉应力分布云图($K_w = 2.0$)

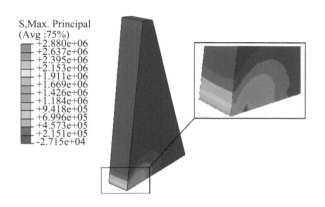

图 2.10 主拉应力分布云图($K_w = 3.0$)

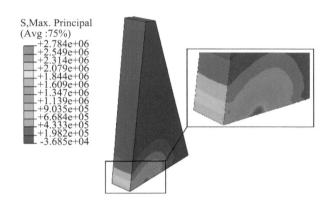

图 2.11 主拉应力分布云图($K_w = 4.0$)

为进一步验证基于 ABAQUS 平台所开发的 MAZARS 本构模型子程序在实际工程结构分析中的适用性,算例 2.3 开展了我国西南地区某高为 78.4 m 的混凝土双曲拱坝工程在正常蓄水位+温降工况下的坝体损伤有限元分析。图 2.12 给出了坝基-坝基系统的有限元网格。分析中,坝体混凝土采用 MAZARS 本构模型(模型参数与前述两个算例相同),坝基岩体则采用弹塑性本构模型(变形模量为 6.5 GPa,泊松比为 0.25,摩擦系数为 0.82,凝聚力为 1.0 MPa)。

图 2.13—图 2.15 分别为坝体在所分析工况下的顺河向水平位移分布云图、主拉应力分布云图、损伤变量分布云图。从图中可以看出,在所分析工况下,坝体顺河向位移指向下游,最大顺河向位移发生在拱冠顶部;坝体主拉应

力分布具有较好的对称性,在水压力作用下,坝体拉应力区主要集中在坝体底部及中下部两岸拱端上游侧;由于坝体底部拉应力水平较大,其上游侧出现了受拉损伤区,但范围不大,损伤区最大径向开展深度约 3 m。上述结果表明,基于所开发的 MAZARS 本构模型子程序可有效实施针对复杂混凝土结构的损伤有限元分析。

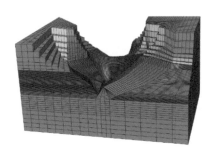

图 2.12   坝基-坝基系统有限元网格

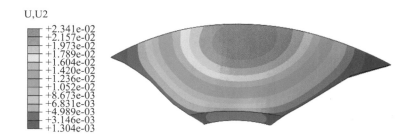

图 2.13   坝体顺河向水平位移分布云图

图 2.14   坝体主拉应力分布云图

图 2.15　坝体损伤变量分布云图

2.4　本章小结

  MAZARS 本构模型是混凝土经典本构模型之一，但目前并未被包括在得到广泛应用的非线性有限元分析软件 ABAQUS 提供的材料库中。鉴于此，本章利用 ABAQUS 用户材料子程序接口，通过二次开发将 MAZARS 本构模型嵌入到 ABAQUS 软件平台中，实现了在 ABAQUS 软件平台上开展基于 MAZARS 本构模型的混凝土结构损伤破坏分析。

  依据 MAZARS 本构模型基本理论与开发 UMAT 用户材料子程序的规定框架，本章首先提出了 MAZARS 本构模型的数值实现方法，并给出了完整的子程序计算流程，进而完成了 MAZARS 模型在 ABAQUS 中的二次开发。通过采用所开发的 MAZARS 本构模型程序对混凝土试件、结构模型以及工程结构 3 种复杂程度不同的分析对象开展损伤有限元计算模拟，较为系统地验证了程序开发的正确性与有效性。

参考文献

［1］金永苗，徐磊，陈在铁，等. 界面过渡区力学特性对水工混凝土断裂性能的影响[J]. 三峡大学学报（自然科学版），2019，41（3）：1-5.

［2］吴中如，顾冲时，苏怀智，等. 水工结构工程分析计算方法回眸与发展[J]. 河海大学学报（自然科学版），2015，43（5）：395-405.

［3］PAN J W，FENG Y T，JIN F，et al. Comparison of different fracture modelling approaches to gravity dam failure[J]. Engineering Computations，2014，31(1)：18-32.

[4] LEE J，FENVES G L. Plastic-damage model for cyclic loading of concrete structures[J]. Journal of Engineering Mechanics，1998，124：892-900.

[5] ROTS J G，BLAAUWENDRAAD J. Crack models for concrete：discrete or smeared? fixed，multi-directional or rotating? [J]. HERON，1989，34(1)：1-59.

[6] MAZARS J，PIJAUDIER-CABOT G. Continuum damage theory-application to concrete[J]. Journal of Engineering Mechanics，1989，115(2)：345-365.

[7] XU L，JING S Z，LIU J，et al. Cracking Behavior of a Concrete Arch Dam with Weak Upper Abutment [J]. Mathematical Problems in Engineering，2017(6)：1-13.

[8] 徐磊. 基于 ABAQUS 的强度储备安全系数精确自动求解[J]. 三峡大学学报(自然科学版)，2011，33(3)：10-13.

[9] WANG X F，YANG Z J，JIVKOV A P. Monte Carlo simulations of mesoscale fracture of concrete with random aggregates and pores：a size effect study[J]. Construction and Building Materials，2015，80：262-272.

第 3 章

混凝土 MAZARS 模型的非局部化及数值实现

混凝土是典型的准脆性材料,在破坏阶段具有明显的应变局部化特征[1]。现阶段,以有限元为代表的连续介质数值分析方法是开展混凝土材料与结构破坏模拟的主要手段[2]。研究表明,在基于传统局部本构模型的混凝土材料与结构非线性有限元分析中,计算结果会依赖于有限元模型的单元尺寸[3]。为解决这一问题,Pijaudier-Cabot 等[4]提出将积分形式非局部理论与传统局部本构模型相结合,通过引入与细观结构相关的材料特征长度与构建体现不同位置材料间力学状态相互影响的非局部变量,实现传统局部本构模型的非局部化,有效克服局部模型引起的有限元计算单元尺寸依赖性。

鉴于此,第二章首先建立宏观尺度混凝土 MAZARS 本构模型[5](简称为MAZARS 模型),推导了混凝土单轴受拉条件下以单元尺寸为变量之一的应力与变形量解析表达式,直观阐明单元尺寸依赖性的产生原因。对此,本章节将 MAZARS 模型与积分形式非局部理论相结合,给出积分形式非局部MAZARS 模型理论表达。在此基础上,提出了与 ABAQUS 数据传递方式相适应的非局部 MAZARS 模型数值实现方法,并完成了相关程序编制。通过算例分析,验证了基于 ABAQUS 平台的非局部 MAZARS 模型数值实现的可行性与程序开发的正确性。研究成果不仅在一定程度上拓展了 ABAQUS 在混凝土材料与结构损伤方面的分析功能,亦可为其他非局部本构模型在ABAQUS 中的数值实现提供借鉴与参考。

3.1 MAZARS 本构模型及其非局部化

在各向同性线弹性本构模型的基础上,Mazars 通过引入损伤变量 d 在损伤力学框架内建立针对混凝土材料的宏观尺度本构模型[5],应力-应变关系如式(3.1)所示。

$$\varepsilon_{ij} = \frac{1+v_0}{E_0(1-d)}\sigma_{ij} - \frac{v_0}{E_0(1-d)}\left[\sigma_{kk}\delta_{ij}\right] \tag{3.1}$$

式中:E_0 和 v_0 分别为材料初始弹性模量与泊松比;σ_{ij} 和 ε_{ij} 分别为应力和应变张量;σ_{kk} 为体积应力;δ_{ij} 是 Kronecker 符号。

在 MAZARS 模型中,损伤变量 d 为拉伸损伤变量 d_t 与压缩损伤变量 d_c 的加权组合,如式(3.2)所示。

$$d = \alpha_t d_t + \alpha_c d_c \tag{3.2}$$

式中:α_t 与 α_c 之和为 1,分别表示拉伸损伤权重系数与压缩损伤权重系数,按式(3.3)、式(3.4)计算。

$$\alpha_t = \sum_1^3 \left(\frac{\varepsilon_i^t \langle\varepsilon_i\rangle_+}{\tilde{\varepsilon}^2}\right)^\beta \tag{3.3}$$

$$\alpha_c = \sum_1^3 \left(\frac{\varepsilon_i^c \langle\varepsilon_i\rangle_+}{\tilde{\varepsilon}^2}\right)^\beta \tag{3.4}$$

式中:$<>_+$ 为 Macauley 括号;β 为模型参数,取值范围一般为 $[1, 1.05]$;ε_i^t、ε_i^c 分别为主应变中的拉伸、压缩部分;$\tilde{\varepsilon}$ 为模型中定义的等效应变,可由主应变 ε_i($i=1, 2, 3$)值计算。

$$\tilde{\varepsilon} = \sqrt{\sum_{i=1}^3 \left(\langle\varepsilon_i\rangle_+\right)^2} \tag{3.5}$$

在 MAZARS 模型中,以材料变形历史中产生的最大等效应变为损伤演化方程的自变量 k 且令其初值为 k_0,拉伸损伤演化方程与压缩损伤演化方程分别见式(3.6)、式(3.7)。

$$d_t = 1 - \frac{k_0(1-A_t)}{k} - \frac{A_t}{\exp\left[B_t(k-k_0)\right]} \tag{3.6}$$

$$d_c = 1 - \frac{k_0(1-A_c)}{k} - \frac{A_c}{\exp[B_c(k-k_0)]} \tag{3.7}$$

式中:k 代表混凝土进入损伤阶段的控制阈值(即当 $k=k_0$ 时,处于线弹性变形阶段),其值可取为混凝土单轴拉伸状态下的峰值拉应变;A_t、B_t、A_c、B_c 为模型参数,对于一般混凝土材料,$0.7 \leqslant A_t \leqslant 1.2$,$1 \leqslant A_c \leqslant 1.5$,$10^4 \leqslant B_t \leqslant 5 \times 10^4$,$10^3 \leqslant B_c \leqslant 2 \times 10^3$。

损伤加载函数 $f(\tilde{\varepsilon}, k)$ 如式(3.8)所示。

$$f(\tilde{\varepsilon}, k) = \tilde{\varepsilon} - k \tag{3.8}$$

当 $f(\tilde{\varepsilon}, k) = 0$ 且 $\mathrm{d}f = 0$ 时,需令 $k = \tilde{\varepsilon}$,并依据式(3.2)、式(3.3)、式(3.4)、式(3.6)、式(3.7)更新损伤变量 d,在其他情况下,保持 k、d 的数值不变。

可以看出,上述 MAZARS 模型属于局部本构模型,即一点的应力状态完全取决于该点的应变状态,故基于 MAZARS 模型的有限元计算结果不可避免地存在单元尺寸依赖性。

图 3.1 为一长度为 l_T 的混凝土杆,左端受水平向位移约束,右端受水平向均布拉伸位移作用,处于单轴受拉状态。为触发单轴拉伸状态下的应变局部化,假定在混凝土杆中部存在初始缺陷,并采用 MAZARS 模型描述该部位混凝土的力学特性。

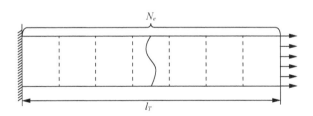

图 3.1　混凝土单轴受拉杆件及网格剖分示意图

为分析有限元计算结果的单元尺寸依赖性,假定混凝土杆沿轴线方向被均匀剖分为 N_e 个单元(如图 3.1 所示),则任一单元尺寸(长度)l_e 为

$$l_e = \frac{l_T}{N_e} \tag{3.9}$$

由于在单轴拉伸破坏过程中,混凝土杆将在存在初始缺陷的中部发生损

伤开裂(其两侧将始终处于线弹性变形阶段),故包含这一部位的单元拉应变 ε_1^d 单调增大,而其他单元拉应变 ε_1^e 则为先增大后减小。

依据式(3.1)以及中部损伤单元与其他未损伤单元拉应力相等条件,可得

$$\varepsilon_1^e = (1-d)\varepsilon_1^d \tag{3.10}$$

进一步,可将混凝土杆拉伸变形量 U 表示为中部损伤单元的损伤变量 d、拉应变 ε_1^d 以及单元尺寸 l_e 的函数,如式(3.11)所示。

$$U = \varepsilon_1^d\big[(1-d)(N_e-1)l_e + l_e\big] \tag{3.11}$$

式中: $N_e = l_T / l_e$。

在单轴应力状态下,混凝土杆应力受控于中部损伤单元拉应变及相应的损伤变量,考虑式(3.11),应力计算表达式如式(3.12)所示。

$$\sigma = E_0(1-d)\frac{U}{l_e(N_e - N_e d + d)} \tag{3.12}$$

在单轴拉伸条件下,中部损伤单元的等效应变 $\widetilde{\varepsilon} = \varepsilon_1^d$, $\alpha_c = 0$,故其损伤变量 d 可按式(3.13)计算。

$$d = 1 - \frac{k_0(1-A_t)}{\varepsilon_1^d} - \frac{A_t}{\exp\big[B_t(\varepsilon_1^d - k_0)\big]} \tag{3.13}$$

式中: $k_0 = f_t/E_0$, f_t 为混凝土单轴抗拉强度。

依据式(3.12)、式(3.13),在给定 MAZARS 模型相关参数的基础上,即可分别计算出在特定单元尺寸 l_e 取值下,对应于不同 ε_1^d 量值下的混凝土杆拉伸变形、应力量值。

图3.2给出了在一组特定 MAZARS 模型参数下($E_0 = 30$ GPa, $v_0 = 0.2$, $A_t = 1$, $B_t = 15\,000$, $k_0 = 0.000\,12$),长度为10 cm的混凝土杆在不同单元尺寸下(分别为1.43 cm,2.00 cm,3.33 cm)的单轴拉伸应力-位移曲线。图3.3为拉伸变形量值为0.001 4 cm时,不同单元尺寸条件下混凝土杆拉应变的轴向分布。

从图3.2中可以看出,混凝土杆在损伤开裂阶段的应力变形响应体现出了明显的单元尺寸依赖性。随着单元尺寸的减小,软化段逐渐变陡且未能趋于收敛。从图3.3中可以看出,单元拉伸方向尺寸越小,中部损伤单元的应变集中程度越高。

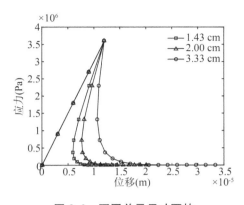

图 3.2　不同单元尺寸下的
　　　　应力-位移曲线

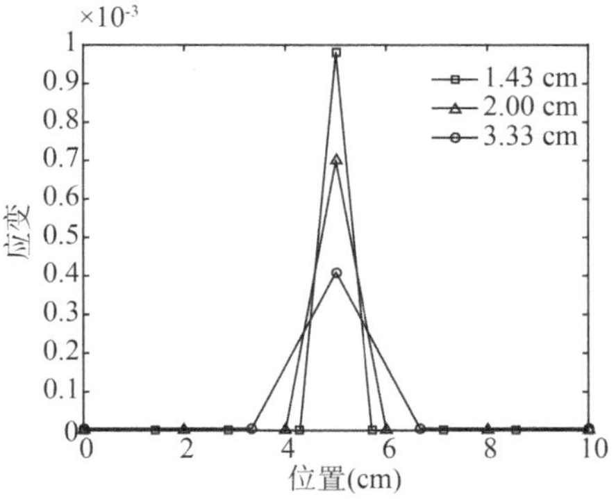

图 3.3　不同单元尺寸下混凝土
　　　　杆拉应变轴向分布

为消除上述基于 MAZARS 模型的有限元计算结果的单元尺寸依赖性，可将 MAZARS 模型与非局部积分理论相结合，从而实现 MAZARS 模型的非局部化。在非局部 MAZARS 模型中，将等效应变作为非局部化变量，即将式 (3.8)中的局部等效应变替换为非局部等效应变。依据非局部积分理论，材料点 x 处的非局部等效应变 $\bar{\varepsilon}(x)$ 可按式(3.14)计算。

$$\bar{\varepsilon}(x) = \frac{1}{V_{\mathrm{r}}(x)} \int_V \psi(x,s)\widetilde{\varepsilon}(s)\mathrm{d}V(s) \tag{3.14}$$

$$V_{\mathrm{r}}(x) = \int_V \psi(x,s)\mathrm{d}V(s) \tag{3.15}$$

式中：V 是对局部等效应变求加权的空间域，其范围受控于材料特征长度 l_{c}；s 为与 x 相关的积分域内的材料点；$\psi(x,s)$ 为非局部积分权重函数，可按式 (3.16)进行计算。

$$\psi(x,s) = \exp\left(-\frac{4x-s^2}{l_{\mathrm{c}}^2}\right) \tag{3.16}$$

从式(3.14)中可以看出，混凝土内任一点的应力不仅与该点自身的局部等效应变相关，还通过损伤变量 d 与其附近特征长度范围内各点的局部等效应变相关，从而可有效避免由局部模型导致的计算结果网格尺寸依赖性。

3.2　数值实现方法与程序开发

为便于用户在 ABAQUS 平台上开发未包括在其内置材料库中的本构模

型,ABAQUS 提供了用户材料子程序接口 UMAT。UMAT 用户材料子程序需采用 FORTRAN 语言开发,在从主程序获取相关数据后,需基于给定的模型参数通过用户开发的程序更新积分点应力、雅可比矩阵,并可根据需要自定义状态变量。

对于局部本构模型的开发,一般情况下均可通过 UMAT 从主程序获取全部所需的数据,如当前积分点的应变、应变增量等。但对于积分形式的非局部 MAZARS 模型而言,任一积分点的非局部等效应变计算不仅需要获取其自身的应变,还需要获取其材料特征长度范围内其他积分点的应变数据。由于 ABAQUS 在计算中是逐个积分点调用 UMAT,且仅能通过 UMAT 获取当前积分点的应变数据,故 ABAQUS 固有的数据传递方式无法充分满足开发非局部 MAZARS 模型的内在要求。

在无法改变 ABAQUS 主程序与 UMAT 接口之间数据传递方式的前提下,为在 ABAQUS 中实现基于非局部 MAZARS 模型的混凝土损伤有限元分析,本章借鉴 Pereira 等[6]在 LS-DYNA 中开发非局部本构模型时所采用的方法,提出一种不需要获取当前迭代步中其他相关积分点应变数据的积分点非局部等效应变近似方法,详述如下。

假定需要计算非局部等效应变的某积分点在前一增量步(n_{th} Increment)完成平衡迭代后的非局部等效应变与局部等效应变分别为 $\bar{\varepsilon}_n$ 与 $\tilde{\varepsilon}_n$,并定义该积分点在当前增量步$[(n+1)_{th}$ Increment$]$的非局部化比例因子 k^{n+1} 为

$$k^{n+1} = \frac{\bar{\varepsilon}_n}{\tilde{\varepsilon}_n} \tag{3.17}$$

为计算该积分点在当前增量步平衡迭代过程中的非局部等效应变,首先基于该积分点当前状态下的应变全量,按式(3.5)计算当前状态下的局部等效应变 $\tilde{\varepsilon}_{n+1}$,在此基础上,利用式(3.17)计算出的当前增量非局部化比例因子,计算出与 $\tilde{\varepsilon}_{n+1}$ 相应的该积分点当前状态下的非局部等效应变:

$$\bar{\varepsilon}_{n+1} = k^{n+1}\tilde{\varepsilon}_{n+1} \tag{3.18}$$

由于式(3.18)假定该积分点在当前增量步中的非局部等效应变与局部等效应变比值和前一增量步相同,故按式(3.18)计算出的非局部等效应变与按式(3.14)计算出的非局部等效应变一般并不一致。但已有研究表明[7],在当前增量步步长较小的条件下,上述二者之间的差异不大,故若分析中设置较小的增量步长,则由式(3.18)计算出的非局部等效应变可视为实际非局部

等效应变的近似值。

在上述基础上,本章提出了可与 ABAQUS 数据传递方式相适应的非局部 MAZARS 模型数值实现方法,基本思路如下。

(1) 通过 UMAT 实现在当前增量步的任一迭代步中各积分点局部等效应变的计算与 COMMON BLOCK 存储、非局部等效应变计算、应力与雅可比矩阵更新等。

(2) 通过 UEXTERNALDB 实现在前一增量步完成平衡迭代后各积分点非局部化比例因子的计算与 COMMON BLOCK 存储。

(3) 通过 USDFLD 实现各积分点位置坐标的获取与 COMMON BLOCK 存储。

(4) 通过共用 COMMON BLOCK 实现 UMAT 与 UEXTERNALDB、UEXTERNALDB 与 USDFLD 之间的数据传递。

UMAT 用户材料子程序主要计算步骤如下。

(1) 获取由 ABAQUS 主程序传递至 UMAT 中的非局部 MAZARS 模型参数、应变、状态变量等数据;获取非局部化比例因子(在 UEXTERNALDB 中计算并存储于 COMMON BLOCK 中)。

(2) 形成弹性矩阵。

(3) 计算全量应变列阵,并通过调用 ABAQUS 内置的实用程序 SPRINC 计算主应变。

(4) 依据式(3.5)计算局部等效应变,并更新 UMAT 与 UEXTERNALDB 共用的 COMMON BLOCK 中该积分点的局部等效应变。

(5) 依据式(3.18)计算非局部等效应变。

(6) 依据非局部 MAZARS 模型的损伤加载函数进行加载判断,若为加载,则更新非局部等效应变历史最大值、损伤变量值,反之,则保持非局部等效应变历史最大值、损伤变量值不变。

(7) 进行应力、雅可比矩阵 DDSDDE 更新。

对于任一增量步,在其完成平衡迭代后,通过调用 ABAQUS 内置的实用程序 UEXTERNALDB,依据式(3.14)与存储在 COMMON BLOCK 中各积分点的局部等效应变与位置坐标(由 ABAQUS 调用实用程序 USDFLD 读取各积分点位置坐标并存储于 COMMON BLOCK 中),计算该增量步结束后各积分点的非局部等效应变,进而更新各积分点的非局部化比例因子。

在非局部损伤有限元分析过程中,ABAQUS 主程序对上述 UMAT 子程序的调用是在积分点的层次上进行的,即在每次整体平衡迭代过程中,均需在对单元循环的基础上对单元中的积分点循环,从而逐一完成每个积分点的应力、雅克比矩阵与状态变量更新。

3.3 算例分析与验证

为了验证 3.2 节中所提出的非局部 MAZARS 模型数值实现方法的可行性与程序开发的正确性,进行了如下算例分析。

该算例应用于 ABAQUS 二次开发的非局部 MAZARS 模型,对一混凝土单边切口梁(见图 3.4)的三点弯曲试验进行数值模拟,并对切口(5 mm×50 mm)附近一定范围(40 mm×150 mm)分别采用 3 种不同单元尺寸,其中,大尺寸为 5 mm、中尺寸为 2.5 mm、小尺寸为 1.25 mm。

为便于对比分析,首先在一组给定的 MAZARS 模型参数取值下($E_0 = 30\text{GPa}$, $v_0 = 0.2$, $k_0 = 0.0001$, $A_t = 1$, $B_t = 15\,000$, $A_c = 1.2$, $B_c = 1\,500$, $\beta = 1$),对具有不同单元尺寸的数值试件开展基于 MAZARS 模型的数值模拟。模拟中,试件底面左、右侧支撑处分别施加竖向和水平向、竖向位移约束,顶面中部按位移加载方式施加量值为 1 mm 的竖直向下位移荷载。

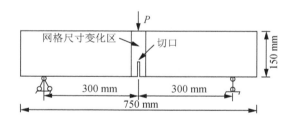

图 3.4 混凝土单边切口梁试件简图

图 3.5 给出了不同单元尺寸下模拟所得的荷载-挠度曲线,图 3.6 给出了不同单元尺寸下模拟所得的局部等效应变分布。从图 3.5 中可以看出,在线弹性变形阶段,试件的受力变形响应基本一致,但在峰后软化阶段,试件的受力变形响应呈现出明显的单元尺寸依赖性,随着单元尺寸的减小,试件的"脆性"趋于增强;从图 3.6 中可以看出,基于 MAZARS 模型计算所得的局部等效应变分布特征亦明显受控于单元尺寸,单元尺寸越小,局部等效应变越集中,这实际上也是试件"脆性"增强的原因所在。以上分析表明,基于MAZARS 模型的有限元分析无法保证结果的客观性。

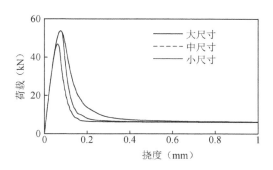

图 3.5　不同单元尺寸下荷载-挠度曲线(局部)

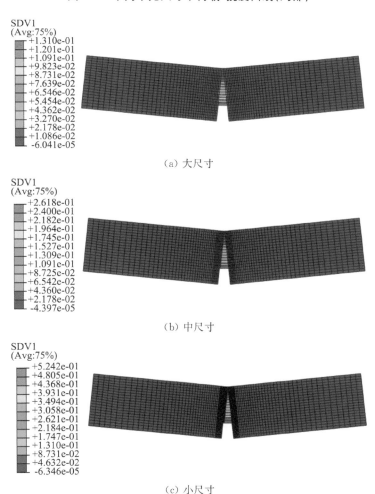

(a) 大尺寸

(b) 中尺寸

(c) 小尺寸

图 3.6　不同单元尺寸下局部等效应变(变形放大 30 倍)

针对具有不同单元尺寸的 3 个数值试件,分别开展基于非局部 MAZARS 模型的单轴拉伸模拟(材料特征长度取为 15 mm,其他模型参数与局部分析相同)。图 3.7 给出了不同单元尺寸下基于非局部 MAZARS 模型模拟所得的荷载-挠度曲线,图 3.8 给出了不同单元尺寸下模拟所得的非局部等效应变分布。

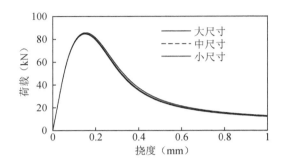

图 3.7　不同单元尺寸下荷载-挠度曲线(非局部)

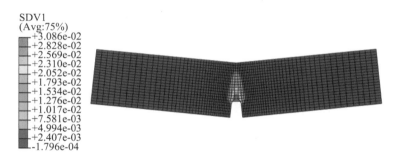

(a) 大尺寸

(b) 中尺寸

（c）小尺寸

图 3.8 不同单元尺寸下非局部等效应变（变形放大 30 倍）

从图 3.7 中可以看出,不同单元尺寸下,试件的荷载-挠度曲线基本一致,表明采用非局部 MAZARS 模型可有效避免结构受力变形响应的单元尺寸依赖性;从图 3.8 中可以看出,基于本章所开发非局部 MAZARS 模型子程序所得的试件非局部等效应变分布与量值亦基本一致,这实际上也是试件宏观力学响应基本一致的原因所在。

3.4 本章小结

为实现在 ABAQUS 平台上基于 MAZARS 本构模型的混凝土损伤有限元客观分析,本章结合积分形式的非局部理论,给出了非局部 MAZARS 本构模型的理论表达,并应用非局部等效应变的近似计算方法,提出了与 ABAQUS 数据传递方式相适应的非局部 MAZARS 模型数值实现方法。在此基础上,基于 ABAQUS 提供的 UMAT、UEXTERNALDB 与 USDFLD 二次开发接口,通过编制相关程序完成了非局部 MAZARS 本构模型在 ABAQUS 平台上的数值实现。算例分析表明,基于 MAZARS 模型的混凝土损伤有限元分析结果呈现出明显的单元尺寸依赖性,而利用本章所开发的非局部 MAZARS 本构模型子程序可保证混凝土损伤破坏有限元分析成果的合理性。本章研究成果不仅拓展 ABAQUS 在混凝土材料与结构损伤方面的分析功能,亦可为其他非局部本构模型在 ABAQUS 中的数值实现提供借鉴与参考。

参考文献

［1］金永苗，徐磊，陈在铁，等. 界面过渡区力学特性对水工混凝土断裂性能的影响[J]. 三峡大学学报（自然科学版），2019，41(3)：1-5.

［2］吴中如，顾冲时，苏怀智，等. 水工结构工程分析计算方法回眸与发展[J]. 河海大学学报（自然科学版），2015，43(5)：395-405.

［3］BAŽANT Z P，JIRASEK M. Nonlocal integral formulations of plasticity and damage：survey of progress[J]. Journal of Engineering Mechanics，2002，128(11)：1119-1149.

［4］PIJAUDIER-CABOT G，BAŽANT Z P. Nonlocal damage theory [J]. Journal of Engineering Mechanics，1987，113(10)：1512-1533.

［5］MAZARS J，PIJAUDIER-CABOT G. Continuum damage theory-application to concrete[J]. Journal of Engineering Mechanics，1989，115(2)：345-365.

［6］PEREIRA L F，WEERHEIJMT J，SLUYS L J. A new rate-dependent stress-based nonlocal damage model to simulate dynamic tensile failure of quasi-brittle materials[J]. Journal of Impact Engineering，2016，94：83-95.

［7］CESAR D S J，ANDRADE F，PIRES F. Theoretical and numerical issues on ductile failure prediction-an overview[J]. Computer Methods in Materials Science，2010：10(4)：279-293.

第 4 章
混凝土局部损伤裂缝带模型

混凝土是典型的具有复杂细观结构的准脆性材料,在受拉开裂过程中,表现出明显的应变局部化特征[1-3],致使在基于局部本构模型的混凝土开裂有限元分析中,分析结果与单元网格尺寸相关[4-6],因而无法保证其客观性。为消除对单元网格尺寸依赖性,可将局部本构模型非局部化,但需在本构模型中引入与细观结构相关的材料特征长度,并构建体现不同部位力学状态相互影响的非局部变量,如积分形式的非局部本构模型[7],或在本构模型中引入高阶变形梯度,如微分形式的非局部本构模型[8]。虽然采用非局部本构模型可有效消除分析结果对单元网格尺寸的依赖,但需开发基于非局部本构模型的材料非线性有限元分析程序,数值实现复杂[9]。

Bažant 等[10]提出的裂缝带理论(Crack Band Theory)提供了另一种可消除混凝土开裂分析对单元网格尺寸依赖性的途径,即将混凝土宏观裂缝视为包含密集且平行裂缝的带状区域(裂缝带),裂缝带宽度与单元网格尺寸相关,断裂能在裂缝带宽度范围内弥散。依据裂缝带理论,为保证混凝土开裂耗能的客观性,需在有限元分析中依据单元网格尺寸对局部形式的应力-应变关系进行调整[11],即对于具有不同尺寸的单元,取不同的本构参数。由于裂缝带理论是基于局部形式的本构模型提出的,故与非局部本构模型相比,具有可在基于局部本构模型的材料非线性有限元分析框架内实施的优势,但如何在分析中实现依据单元网格尺寸调整应力-应变关系仍是需要解决的一个难题[12-14],主要表现在所采用混凝土局部本构模型可能无法满足不同单元网格尺寸下应力-应变关系调整的需要以及在分析中不能自动地适应不同单元网格尺寸下的本构模型参数两个方面。

本章基于裂缝带理论与第三章所提 MAZARS 局部损伤本构模型（MAZARS 模型）[15]，通过三参数幂函数型拉伸损伤演化方程，并在局部本构模型中引入断裂能和与单元网格尺寸相关的裂缝带宽度，建立一种混凝土局部损伤裂缝带模型；此外，基于异步粒子群智能算法[16]的优化反演方法，实现在分析中依据单元网格尺寸自适应确定模型参数。利用 ABAQUS 提供的用户材料子程序接口，对算例进行数值模拟，验证模型的有效性和程序编制的正确性。

4.1 局部损伤裂缝带本构模型

为了在基于局部本构模型的材料非线性有限元分析框架内客观地模拟混凝土的开裂过程，假定裂缝弥散分布于宽度与单元网格尺寸相关的裂缝带内，建立一种混凝土局部损伤裂缝带模型（Local Damage & Crack Band Model for concrete，LDCB 模型）。

该模型采用局部形式的应力-应变关系，如式(4.1)所示。

$$\boldsymbol{\sigma} = (1-d)\boldsymbol{D}_0^{\mathrm{el}} : \boldsymbol{\varepsilon} \tag{4.1}$$

式中：$\boldsymbol{\sigma}$ 为 Cauchy 应力张量；$\boldsymbol{D}_0^{\mathrm{el}}$ 为初始弹性张量；$\boldsymbol{\varepsilon}$ 为局部应变张量；d 为损伤变量，为区分拉伸损伤与压缩损伤，LDCB 模型沿用 MAZARS 模型中的损伤定义，即

$$d = \alpha_{\mathrm{t}} d_{\mathrm{t}} + \alpha_{\mathrm{c}} d_{\mathrm{c}} \tag{4.2}$$

式中：α_{t} 与 α_{c} 分别为拉伸损伤权重系数与压缩损伤权重系数，其取值与应变状态相关[15]，两者之和为 1，当处于单轴拉伸状态时，$\alpha_{\mathrm{t}}=1$，当处于单轴压缩状态时，$\alpha_{\mathrm{c}}=1$；d_{t} 与 d_{c} 分别为拉伸与压缩损伤变量。

MAZARS 模型的拉伸、压缩损伤演化方程表述如下[17]。

$$d_{\mathrm{t}} = 1 - \frac{(1-A_{\mathrm{t}})k_0}{\widetilde{\varepsilon}} - \frac{A_{\mathrm{t}}}{\exp[B_{\mathrm{t}}(\widetilde{\varepsilon}-k_0)]} \tag{4.3}$$

$$d_{\mathrm{c}} = 1 - \frac{(1-A_{\mathrm{c}})k_0}{\widetilde{\varepsilon}} - \frac{A_{\mathrm{c}}}{\exp[B_{\mathrm{c}}(\widetilde{\varepsilon}-k_0)]} \tag{4.4}$$

式中：峰值拉伸应变 $k_0 = f_{\mathrm{t}}/E_0$，f_{t} 为单轴抗拉强度，E_0 为初始弹性模量；A_{t}

和 B_t、A_c 和 B_c 分别为控制拉伸、压缩损伤变量演化的模型参数,当 A_t 取为 1.0 时,随着应变的增大,应力逐渐趋于 0,当 A_t 取值大于 1.0 或小于 1.0 时,应力随应变的增大将趋于非零负值或正值,B_t 则控制着拉伸应力-应变曲线的"脆性"程度,取值越大,"脆性"越强;$\tilde{\varepsilon}$ 为等效应变,$\tilde{\varepsilon} = \left(\sum_{i=1}^{3} \langle \varepsilon_i \rangle^2 \right)^{1/2}$,$\varepsilon_i$ (i 为 1,2,3)为主应变,以拉为正;$\langle \bullet \rangle$ 为 Macauley 括号,$\langle x \rangle = (|x| + x)/2$。

不失一般性,令 $E_0 = 30$ GPa,$k_0 = 1 \times 10^{-4}$,并取 A_t 为 1.0,依据式(4.1)与式(4.3),即可绘出 B_t 取 Mazars 等[15]建议的取值区间[10 000,50 000]上、下限以及在建议区间外取值时的单轴拉伸应力-应变曲线,见图 4.1。

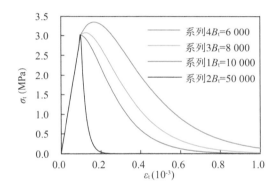

图 4.1　单轴拉伸应力-应变曲线(MAZARS 模型)

可以发现,在建议区间外取值,应力-应变曲线与混凝土单轴受拉力学特性不符,而仅在建议区间内取值,应力-应变关系的变化范围又较小,换言之,即当与某一单元网格尺寸相应的应力-应变关系超出上述范围时,将无法基于式(4.3)实现应力-应变关系的合理调整。为此,提出如下三参数幂函数型拉伸损伤演化方程:

$$d_t = \begin{cases} 0 & (\tilde{\varepsilon} \leqslant k_0) \\ 1 - \left(\dfrac{k_0}{\tilde{\varepsilon}} \right)^{a_t} \left(\dfrac{\varepsilon_t^{cf} - \tilde{\varepsilon}}{\varepsilon_t^{cf} - k_0} \right)^{b_t} & (k_0 < \tilde{\varepsilon} < \varepsilon_t^{cf}) \\ 1 & (\tilde{\varepsilon} \geqslant \varepsilon_t^{cf}) \end{cases} \quad (4.5)$$

式中:ε_t^{cf}、a_t 和 b_t 为控制拉伸损伤演化的三个参数,其中,ε_t^{cf} 为极限拉伸(或开裂)应变;上述三个参数的建议取值范围分别为 0.000 5~0.05、1.0~2.5

和 1.0～8.0。

令 $E_0 = 30\,\mathrm{GPa}$，$k_0 = 1 \times 10^{-4}$，图 4.2 中分别给出了 ε_t^{cf}、a_t 和 b_t 单独变化时的单轴拉伸应力-应变曲线。对比图 4.2 与图 4.1 可知，式(4.5)的应力-应变关系变化范围远比式(4.3)的大，因而更适于和裂缝带理论相结合。因此，在 LDCB 模型中，将式(4.5)作为拉伸损伤演化方程，以满足不同单元网格尺寸下应力-应变关系调整的需要。此外，由于本章主要致力于解决混凝土受拉开裂有限元分析对网格尺寸依赖性问题，对 LDCB 模型沿用 MAZARS 模型的压缩损伤演化方程。LDCB 模型的损伤加载函数为

$$f(\widetilde{\varepsilon}, \kappa) = \widetilde{\varepsilon} - \kappa \tag{4.6}$$

式中：κ 代表等效应变历史最大值，且当 $\kappa \leqslant k_0$ 时，令 $\kappa = k_0$；当 $f(\widetilde{\varepsilon}, \kappa) = 0$ 且 $df = 0$ 时，处于加载状态，需令 $\kappa = \widetilde{\varepsilon}$，并按式(4.2)、(4.4)及(4.5)更新损伤变量，反之，则处于弹性或卸载状态，κ 和 d 不变。

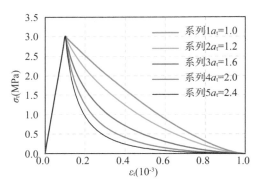

(a) a_t 单独变化（$b_t = 1.5$，$\varepsilon_t^{cf} = 1 \times 10^{-3}$）

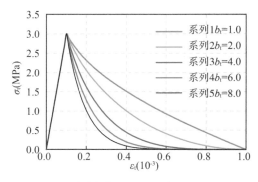

(b) b_t 单独变化（$a_t = 1.2$，$\varepsilon_t^{cf} = 1 \times 10^{-3}$）

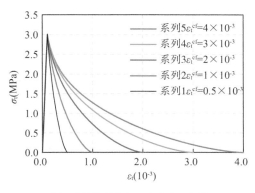

(c) ε_t^{cf} 单独变化($a_t=1.2,b_t=1.5$)

图 4.2　单轴拉伸应力应变曲线(LDCB 模型)

在基于局部损伤本构模型的混凝土开裂有限元分析中,应变通常集中于开裂路径上的一层单元内[11],故无法保证分析中的开裂耗能与混凝土实际断裂能一致,这是导致有限元分析结果对单元网格尺寸产生依赖性的根本原因。为此,基于裂缝带理论,将式(4.5)中 ε_t^{cf} 、a_t 和 b_t 视为断裂能 G_f 与裂缝带宽度 h_c(与单元网格尺寸相关)的函数,即

$$\varepsilon_t^{cf} = \varepsilon_t^{cf}(G_f, h_c) \tag{4.7}$$

$$a_t = a_t(G_f, h_c) \tag{4.8}$$

$$b_t = b_t(G_f, h_c) \tag{4.9}$$

进一步地,可由式(4.1)和式(4.5)给出 $\varepsilon_t^{cf}(G_f, h_c)$ 、$a_t(G_f, h_c)$ 和 $b_t(G_f, h_c)$ 应满足的断裂能守恒准则:

$$G_f - h_c E_0 \int_0^{\varepsilon_t^{cf}(G_f,h_c)} \left\{ \left(\frac{k_0}{\varepsilon_t^c + \sigma_t/E_0} \right)^{a_t} \left[\frac{\varepsilon_t^{cf}(G_f,h_c) - \varepsilon_t^c - \sigma_t/E_0}{\varepsilon_t^{cf}(G_f,h_c) - k_0} \right]^{b_t} \right\} \times$$
$$(\varepsilon_t^c + \sigma_t/E_0) d\varepsilon_t^c = 0 \tag{4.10}$$

式中:ε_t^c 为开裂应变(非弹性应变),$\varepsilon_t^c = \varepsilon_t - \sigma_t/E_0$,ε_t 为单轴拉伸应变,σ_t 为单轴拉伸应力。

由式(4.10)可知,对于给定的断裂能 G_f ,ε_t^{cf} 、a_t 和 b_t 的取值将随着裂缝带宽度 h_c 的变化(h_{c1} ,h_{c2})而发生改变,使得有限元分析中的断裂能密度 g_f($g_f = G_f/h_c$)发生变化[图 4.3(a)的 g_{f1} 、图 4.3(b)的 g_{f2}],从而保证裂缝带宽度改变条件下断裂能的一致性[图 4.3(c)]。必须指出的是,虽然式(4.10)

可保证在不同裂缝带宽度条件下断裂能的一致性,但对于给定的 G_f 和 h_c ,却无法保证 $\varepsilon_t^{cf}(G_f,h_c)$ 、$a_t(G_f,h_c)$ 和 $b_t(G_f,h_c)$ 的唯一性,原因在于式(4.10)仅从断裂能的角度对 a_t 和 b_t 提出了要求,但未对损伤开裂的能量耗散过程进行限制。

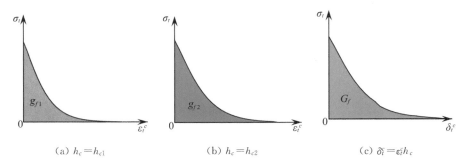

(a) $h_c = h_{c1}$ (b) $h_c = h_{c2}$ (c) $\delta_t^c = \varepsilon_t^c h_c$

图 4.3　不同裂缝带宽度下的断裂能密度与断裂能

由不同的 $\varepsilon_t^{cf}(G_f,h_c)$ 、$a_t(G_f,h_c)$ 和 $b_t(G_f,h_c)$ 会得到不同 σ_t-ε_t^c 关系,见图 4.4,故上述问题会导致在有限元分析中,仍无法实现混凝土损伤开裂过程的客观模拟。因此,$\varepsilon_t^{cf}(G_f,h_c)$ 、$a_t(G_f,h_c)$ 和 $b_t(G_f,h_c)$ 除了需满足式(4.10)外,还受控于混凝土拉伸断裂的真实应力-应变关系。为此,在 LDCB 模型中,引入 $\varepsilon_t^{cf}(G_f,h_c)$ 、$a_t(G_f,h_c)$ 和 $b_t(G_f,h_c)$ 的初始值 ε_{t0}^{cf} 、a_{t0} 和 b_{t0} ,ε_{t0}^{cf} 、a_{t0} 和 b_{t0} 均可由混凝土单轴拉伸试验所得的真实应力-应变关系确定[18]。在确定了 ε_{t0}^{cf} 、a_{t0} 和 b_{t0} 的基础上,即可依据式(4.10)计算与之相应的断裂能密度 g_{f0} ,即

$$g_{f0} = E_0 \int_0^{\varepsilon_t^{cf}(G_f,h_c)} \left\{ \left(\frac{k_0}{\varepsilon_t^c + \sigma_t/E_0} \right)^{a_t} \left[\frac{\varepsilon_t^{cf}(G_f,h_c) - \varepsilon_t^c - \sigma_t/E_0}{\varepsilon_t^{cf}(G_f,h_c) - k_0} \right]^{b_t} \right\} (\varepsilon_t^c + \sigma_t/E_0) \, \mathrm{d}\varepsilon_t^c$$

$$(4.11)$$

进而可由断裂能 G_f 计算出与 ε_{t0}^{cf} 、a_{t0} 和 b_{t0} 相应的裂缝带宽度 h_{c0} ,即

$$h_{c0} = \frac{G_f}{g_{f0}} \tag{4.12}$$

进一步地,在由式(4.1)和式(4.5)获取与 ε_{t0}^{cf} 、a_{t0} 和 b_{t0} 相应的应力($^0\sigma_t$)-开裂应变($^0\varepsilon_t^c$)关系的基础上,令 $r = h_{c0}/h_c$,并用 $r \cdot {}^0\varepsilon_t^c$ 替换 $^0\sigma_t$-$^0\varepsilon_t^c$ 关系中的 $^0\varepsilon_t^c$,即可得到当裂缝带宽度为 h_c 时,$\varepsilon_t^{cf}(G_f,h_c)$ 、$a_t(G_f,h_c)$ 和 $b_t(G_f,h_c)$ 需满足的应力-开裂应变关系,即为 $^0\sigma_t$-$r \cdot {}^0\varepsilon_t^c$ 关系,如图 4.5 所示。由于在推导 $^0\sigma_t$-$r \cdot {}^0\varepsilon_t^c$ 关系的过程中,考虑了断裂能守恒准则,故在不同的裂缝带宽

度条件下,满足上述关系的 $\varepsilon_t^{cf}(G_f,h_c)$、$a_t(G_f,h_c)$ 和 $b_t(G_f,h_c)$ 可保证断裂能的一致性。

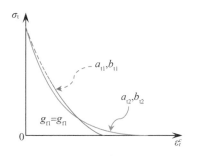

图 4.4　给定 G_f 和 h_c 条件下不同的应力-开裂应变关系曲线　　图 4.5　不同裂缝带宽度下的应力-开裂应变关系

上述 LDCB 模型包括 E_0、ν_0(泊松比)、f_t、A_c、B_c、ε_t^{cf}、a_t、b_t、h_c、G_f、ε_{t0}^{cf}、a_{t0} 和 b_{t0} 等 13 个参数,其中,ε_t^{cf}、a_t、b_t 及 h_c 与单元网格尺寸相关。由混凝土单轴拉伸试验,可确定模型参数 E_0、v_0、f_t、G_f、ε_{t0}^{cf}、a_{t0} 和 b_{t0};由混凝土单轴压缩试验,可确定 A_c 和 B_c;h_c 与单元网格尺寸相关,具体而言,对于一维单元,h_c 即为单元长度,而对于二维或三维单元,在单元形态较为规则、各向尺寸相当的前提下,可取 $h_c = \sqrt{S_e}$(S_e 为二维单元面积)或 $h_c = \sqrt[3]{V_e}$(V_e 为三维单元体积)[19-21];ε_t^{cf}、a_t 和 b_t 可基于 E_0、f_t、G_f、h_c、ε_{t0}^{cf}、a_{t0} 和 b_{t0} 确定,其中,ε_t^{cf} 的计算式如下。

$$\varepsilon_t^{cf} = \varepsilon_{t0}^{cf} \frac{G_f}{h_c g_{f0}} \tag{4.13}$$

对于 a_t 和 b_t,由于无法给出其显式表达式,故提出采用优化反演方法来确定其取值。

4.2　模型参数优化反演

4.2.1　优化反演数学模型

在依据式(4.13)确定了 ε_t^{cf} 的基础上,为通过优化反演确定 LDCB 模型中控制拉伸损伤演化的模型参数 a_t 和 b_t 的取值,需建立以 a_t 和 b_t 为反演参数的优化反演数学模型,其一般表达式如下。

$$\begin{cases} \min\varphi(\boldsymbol{X}), & \boldsymbol{X} \in R^2 \\ h_i(\boldsymbol{X}) \leqslant 0, & i = 1,2,\cdots,n \end{cases} \tag{4.14}$$

式中：$\boldsymbol{X}$ 为反演参数向量，$\boldsymbol{X} = [\,a_t\ b_t\,]^T$，上标"T"表示转置；$h_i(\boldsymbol{X})$ 表示用于限制反演参数取值范围的约束条件；$\varphi(\boldsymbol{X})$ 为反演目标函数，可基于 a_t 和 b_t 应满足的 $^0\sigma_t - r \cdot \varepsilon_t^c$ 关系给出，即

$$\varphi(X) = \left\{ \frac{1}{N} \sum_{i=1}^{N} \left[\frac{_i^0\sigma_t(X_0) - {}_i\sigma_t(X)}{_i^0\sigma_t(X_0)} \right]^2 \right\}^{\frac{1}{2}} \tag{4.15}$$

式中：N 为应力-开裂应变曲线上的离散数据点数；$X_0 = [\,a_{t0}\ b_{t0}\,]^T$；$_i^0\sigma_t(X_0) = {}_i^0\sigma_t(X_0, {}_i\varepsilon_t^c)$ 表示 $^0\sigma_t - {}^0\varepsilon_t^c$ 关系曲线上第 i 个数据点的应力值，$_i^0\varepsilon_t^c$ 为第 i 个数据点的开裂应变值；$_i\sigma_t(X) = {}_i\sigma_t(X, r \cdot \varepsilon_t^c)$ 表示某一组反演参数（a_t 和 b_t）取值对应的应力-开裂应变曲线上第 i 个数据点的应力值，$r \cdot \varepsilon_t^c$ 为第 i 个数据点的开裂应变值。当 $_i\sigma_t(X)$ 与 $_i^0\sigma_t(X_0)$ 很接近，使得目标函数值小于设置的收敛阈值（取为 0.01）时，即认为反演成功。

4.2.2　基于 APSO 的参数优化反演流程

在建立优化反演模型的基础上，还需明确采用何种优化算法。本章采用的是异步粒子群智能优化算法（APSO 算法）[16]，该算法是一种基于标准粒子群算法的高效智能仿生进化算法，与其他优化算法相比，具有易于实现全局优化、收敛速度快等优点[22]。在 APSO 算法中，优化问题的每一个潜在解都是搜索空间中的一个"粒子"，若干个粒子构成一个粒子群。粒子适应度即为反演目标函数值。每个粒子都具有位置和速度两个特征，位置决定粒子的适应度，而速度决定下一代粒子运动的方向和距离。在迭代过程中，粒子通过跟踪个体极值和全局极值实现代际更新，直至在整个搜索空间中找到最优解。图 4.6 为基于 APSO 算法的模型参数优化反演流程。

4.3　数值实现与算例分析

由于 LDCB 模型采用的是局部形式的应力-应变关系，故便于与成熟的材料非线性有限元分析程序相结合。利用 ABAQUS 中的用户材料子程序接口 UMAT[23]采用 LDCB 模型对算例进行数值模拟，该接口在从主程序获取相关数据后，需依据给定的模型参数通过用户编写的程序更新积分点应力和

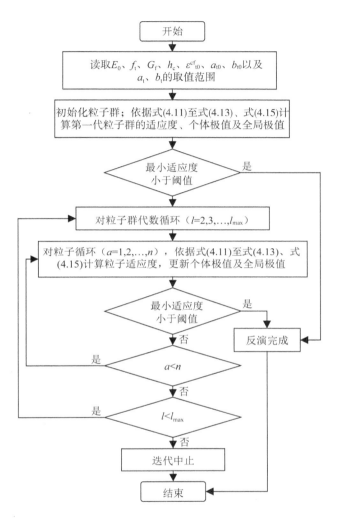

图 4.6 基于 APSO 算法的模型参数优化反演流程

雅可比矩阵,并可根据需要自定义状态变量[24]。LDCB 模型的 UMAT 子程序主要计算流程如下。

(1) 获取由 ABAQUS 主程序传递至 UMAT 中的 LDCB 模型参数、应变及状态变量等基础数据。若为积分点第一次调用,则按节 4.1 所述由积分点所在单元及其节点坐标计算单元网格尺寸 h_c,并按式(4.13)和图 4.6 所示反演流程确定本构参数 $\varepsilon_t^{cf}(G_f, h_c)$、$a_t(G_f, h_c)$ 和 $b_t(G_f, h_c)$ 的取值并作为状态变量存储,以供后续调用 UMAT 子程序时直接使用。

（2）根据模型参数 E_0 和 ν_0，形成弹性矩阵。

（3）在计算积分点当前迭代步全量应变矩阵的基础上，调用 ABAQUS 实用子程序 SPRINC 完成主应变 ε_i（$i=1$，2，3）求解，并计算等效应变 $\tilde{\varepsilon}$。

（4）当 $\tilde{\varepsilon}$ 超过其历史最大值时，依据式（4.2）、式（4.4）和式（4.5）更新损伤变量；反之，则保持损伤变量不变。

（5）更新应力和雅可比矩阵 DDSDDE，返回 ABAQUS 主程序。

需要说明的是，在基于 LDCB 模型的混凝土损伤开裂有限元分析中，ABAQUS 主程序对上述 UMAT 子程序的调用是在积分点的层次上进行的，即在每次整体平衡迭代过程中，均需在单元循环的基础上对单元中的积分点循环，从而逐一完成每个积分点的应力、雅克比矩阵及状态变量更新。为验证 LDCB 模型的有效性及程序开发的正确性，开展算例分析。算例 4.1 用于模拟八结点六面体单元的单轴拉伸过程，如图 4.7 所示，为对比不同单元网格尺寸下的模拟结果，分别假定单元网格尺寸 L 为 300 mm、400 mm 和 500 mm。表 4.1 中列出了所采用的与单元网格尺寸无关的 LDCB 模型参数，其他参数由程序在分析中依据单元网格尺寸自适应确定。

表 4.1　LDCB 模型参数

E_0（GPa）	ν_0	A_c	B_c	f_t（MPa）	G_f（N·m^{-1}）	a_{t0}	b_{t0}	ε_{t0}^{cf}
30	0.2	1.2	1 500	3	150	1.3	1.7	8×10^{-4}

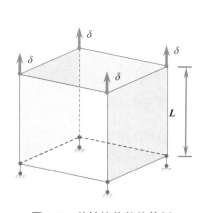

图 4.7　单轴拉伸数值算例

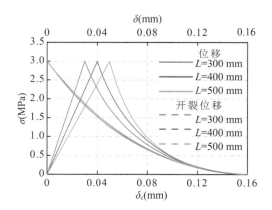

图 4.8　应力-位移/开裂位移曲线

图 4.8 中给出了不同单元网格尺寸下模拟所得的应力-位移（σ-δ）和应力-开裂位移（σ-δ_c）曲线，可以看到：

（1）不同单元网格尺寸下，应力-位移曲线差异明显，原因在于单元位移由弹性位移与开裂位移两部分组成，而弹性位移与单元网格尺寸线性相关，故呈现出应力量值越大，位移差异越大的特征，符合实际；

（2）单元网格尺寸越大，峰后应力下降速度越快，故为了保证收敛性，应控制单元网格的最大尺寸；

（3）不同单元网格尺寸下的应力-开裂位移曲线基本一致，表明基于 LD-CB 模型的混凝土损伤开裂有限元分析不仅可保证断裂能的客观性，也可实现损伤开裂全过程的客观模拟。

算例 4.2 为基于 LDCB 模型开展的 3 种不同单元网格尺寸（20 mm、10 mm 与 5 mm）下的混凝土简支梁三点弯曲数值模拟，模型尺寸及加载条件如图 4.9 所示，与单元网格尺寸无关的模型参数同算例 4.1。单元网格尺寸为 20 mm、10 mm、5 mm 条件下 ε_t^{cf} 的取值分别为 0.008、0.016、0.032，a_t 的取值分别为 1.065 6、1.052 5、1.023 1，b_t 的取值分别为 1.784 5、1.763 6、1.884 0。

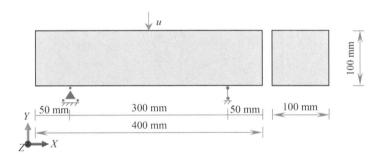

图 4.9　试件尺寸及加载条件

此外，为进行对比分析，亦开展上述 3 种不同单元网格尺寸模型在相同 ε_t^{cf}、a_t 和 b_t 取值（取单元网格尺寸为 20 mm 时的 ε_t^{cf}、a_t 和 b_t 参数值）下的数值模拟。

数值模拟结果表明，在同一组参数取值下，出现单元网格尺寸越小，"脆性"越显著的现象，呈现明显的对网格尺寸依赖性，如图 4.10 所示，其中 u 为跨中加载位移，F 为梁端支座反力；而基于本书所建立的 LDCB 模型，则可在不同单元尺寸下得到基本一致的受力变形分析结果，见图 4.11，表明采用 LDCB 模型可有效消除有限元分析结果对单元网格尺寸依赖性。图 4.12 中给出了加载位移为 0.14 mm 时，基于 LDCB 模型模拟得到的主拉应变分布，可以发现，不同单元网格尺寸下均出现了符合实际的应变局部化现象，但在相同的受力状态下,不同单元网格尺寸下的跨中损伤开裂单元具有不同主拉应变值,其原因在于 LDCB 模型的应力-应变关系与单元网格尺寸相关,具体表现为在相同的应力状态下,单元网格尺寸越小,应变越大。

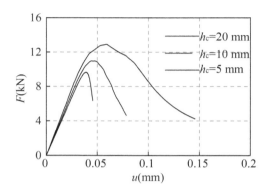

图 4.10　反力-加载位移曲线(模型参数取值不变)

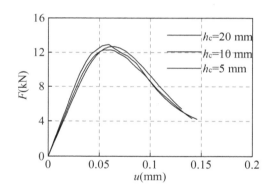

图 4.11　反力-加载位移曲线(LDCB 模型)

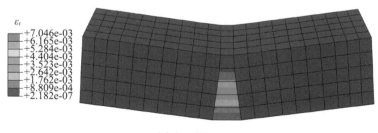

(a) $h_c = 20$ mm

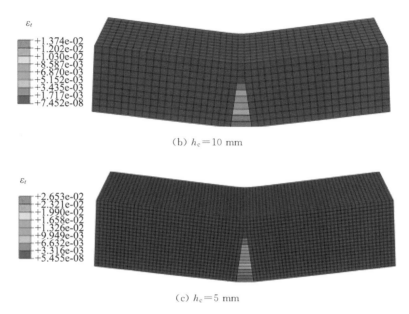

(b) $h_c = 10$ mm

(c) $h_c = 5$ mm

图 4.12　主拉应变分布($u=0.14$ mm)

4.4　本章小结

混凝土在受拉开裂过程中的应变局部化导致基于局部本构模型的混凝土开裂有限元分析存在对单元网格尺寸依赖性。基于经典的混凝土 MAZARS 局部损伤本构模型(MAZARS 模型)与裂缝带理论,建立了一种可有效消除单元网格尺寸依赖性的混凝土局部损伤裂缝带模型(LDCB 模型),并通过算例进行了数值模拟。主要结论如下。

(1)本章提出的三参数幂函数型拉伸损伤演化方程允许的应力-应变关系变化范围更大,可满足不同单元网格尺寸下应力-应变关系调整的需要。算例模拟结果表明,在不同的单元网格尺寸下,基于 LDCB 模型的混凝土开裂有限元分析可得到基本一致的计算结果,有效消除了对单元网格尺寸的依赖。

(2)在引入断裂能和与单元网格尺寸相关的裂缝带宽度的基础上,依据源于试验结果的应力-开裂应变关系推导不同单元网格尺寸下的应力-开裂应变关系,不仅可保证断裂能的客观性,亦可实现开裂过程的准确模拟。

(3)采用本章提出的基于异步粒子群智能算法的优化反演方法,可在不预知单元网格尺寸的条件下自适应确定不同单元网格尺寸下的模型参数。

参考文献

［1］ NGUYEN V P, LLOBERAS-VALLS O, STROEVEN M, et al. On the existence of representative volumes for softening quasi-brittle materials: a failure zone averaging scheme[J]. Computer Methods in Applied Mechanics and Engineering, 2010, 199(45/46/47/48): 3028-3038.

［2］ 李强, 任青文. 基于开裂区平均化方法的混凝土开裂特性[J]. 河海大学学报(自然科学版), 2016, 44(3): 226-232.

［3］ YANG H, XIE S Y, SECQ J, et al. Experimental study and modeling of hydromechanical behavior of concrete fracture[J]. Water Science and Engineering, 2017, 10(2): 97-106.

［4］ GITMAN I M, ASKES H, SLUYS L J. Coupled-volume multi-scale modelling of quasi-brittle material[J]. European Journal of Mechanics A/Solids, 2008, 27(3): 302-327.

［5］ 王飞阳, 黄宏伟, 张东明, 等. 带裂缝服役混凝土结构力学性能的多尺度模拟方法[J]. 建筑结构学报, 2019, 40(12): 155-162.

［6］ 王治, 金贤玉, 付传清, 等. 基于损伤的钢筋混凝土锈胀开裂模型[J]. 建筑结构学报, 2014, 35(9): 115-122.

［7］ BAŽANT Z P, JIRÁSEK M. Nonlocal integral formulations of plasticity and damage: survey of progress[J]. Journal of Engineering Mechanics, 2002, 128(11): 1119-1149.

［8］ GUDMUNDSON P. A unified treatment of strain gradient plasticity [J]. Journal of the Mechanicsand Physics of Solids, 2004, 52(6): 1379-1406.

［9］ 徐磊, 王绍洲, 金永苗. 混凝土 MAZARS 模型的非局部化及其数值实现与验证[J]. 三峡大学学报(自然科学版), 2021, 43(1): 7-12.

［10］ BAŽANT Z P, OH B H. Crack band theory for fracture of concrete [J]. Matériaux et Construction, 1983, 16(3): 155-177.

［11］ 陶慕轩, 赵继之. 采用通用有限元程序的弥散裂缝模型和分层壳单元模拟钢筋混凝土构件裂缝宽度[J]. 工程力学, 2020, 37(4): 165-177.

［12］钱觉时，吴科如. 砼Ⅰ、Ⅱ类断裂及其数值分析［J］. 重庆建筑工程学院学报，1993，15(4)：79-88.

［13］刘诚，聂鑫，汪家继，等. 混凝土宏观本构模型研究进展［J］. 建筑结构学报，2022，43(1)：29-41.

［14］陈殿华，王向东，邵兵. 基于缝端损伤区域的混凝土材料Ⅱ型裂缝扩展角研究［J］. 河海大学学报(自然科学版)，2014，42(3)：246-249.

［15］MAZARS J，PIJAUDIER-CABOT G. Continuum damage theory：application to concrete［J］. Journal of Engineering Mechanics，1989，115(2)：345-365.

［16］徐磊，张太俊. 地下洞室施工期围岩力学参数反演与力学响应超前预测自动化系统开发［J］. 四川大学学报(工程科学版)，2013，45(6)：51-57.

［17］韩峰，徐磊，金永苗，等. 混凝土 MAZARS 本构模型在 ABAQUS 中的数值实现及验证［J］. 水力发电，2020，46(5)：85-88＋98.

［18］DE SOUZA L A F，MACHADO R D. Numerical-computational analysis of reinforced concrete structures considering the damage，fracture and failure criterion［J］. Revista IBRACON de Estruturas e Materiais，2013，6(1)：101-120.

［19］ALFARAH B，LÓPEZ-ALMANSA F，OLLER S. New methodology for calculating damage variables evolution inplastic damage model for RC structures［J］. Engineering Structures，2017，132：70-86.

［20］MOSALAM K M，PAULINO G H. Evolutionary characteristic length method for smeared cracking finite element models［J］. Finite Elements in Analysis and Design，1997，27(1)：99-108.

［21］OLIVER J. A consistent characteristic length for smeared cracking models［J］. International Journal for Numerical Methods in Engineering，1989，28(2)：461-474.

［22］韩峰，徐磊，张太俊. 坝基岩体力学参数的 PSO-ABAQUS 联合反演［J］. 河海大学学报(自然科学版)，2013，41(4)：321-325.

［23］ABAQUS Inc. Analysis user's manual IV(Version 6.11)［M］. Rhode Island，USA：ABAQUS Inc，2011.

［24］崔溦，杨娜娜，宋慧芳. 基于非局部微平面模型 M7 的混凝土非线性有限元分析［J］. 建筑结构学报，2017，38(2)：126-133.

第 5 章
混凝土二维随机骨料模型

　　水工混凝土细观结构的模拟是建立细观数值模型的基础,本章将水工混凝土的细观结构简化为由骨料、砂浆和二者之间的界面过渡区三部分组成。骨料在混凝土中起骨架和支撑作用,骨料的形状、粒径、级配以及位置分布直接或间接决定了水工混凝土材料的宏观力学性能及细观损伤破坏模式。

　　建立混凝土细观随机骨料模型是模拟混凝土细观结构的主要方法之一,与其他细观结构模拟方法相比,混凝土细观随机骨料模型能较好地体现出骨料在混凝土中分布的随机性。随机骨料模型依据 Fuller 曲线和 Walraven 公式确定骨料粒径大小及颗粒数目,根据 Monte Carlo 方法生成随机骨料并投放到混凝土细观模型中,然后将细观结构投影到背景网格上,也可直接对骨料和砂浆进行有限元网格剖分,骨料形状多为圆形、椭圆形及凸多边形等。针对水工混凝土区别于普通混凝土的粗骨料含量高的特点,还需要提高细观数值模型生成过程骨料的投放效率。此外,对于界面过渡区模拟,由于界面过渡区厚度很薄,对划分网格影响较大,使得整个模型网格数量急剧增加且过渡区网格质量下降,因此如何处理界面过渡区网格,保证模型的计算精度与计算效率也是采用随机骨料模型建立细观数值模型时应该考虑的一个问题。

　　鉴于此,本章采用随机骨料模型对水工混凝土细观结构进行模拟。在各相材料生成过程中,骨料形状采用凸多边形模拟,砂浆视为均匀的连续介质,粗骨料与砂浆之间的薄层(具有特定厚度)视为界面过渡区。利用 Matlab 软件编制相关程序,确定了骨料的形状、尺寸和空间位置,完成了水工混凝土细观结构的模拟,实现各相材料的生成和投放。在此基础之上,通过商用有限元软件 ABAQUS 对水工混凝土细观结构进行网格剖分,识别不同细观组成并建立各自的单元集合用以赋予材料参数以及建立边界节点集合用以设置约束和荷载,从而自动建立起了水工混凝土细观数值模型。

5.1　骨料级配与粒径分布

混凝土骨料级配曲线是颗粒平均尺寸的函数,混凝土骨料大小可以通过级配曲线求得,为使混凝土可以产生最优化的结构密度和强度,常常采用 Fuller 级配曲线(Fuller's gradation curve)来确定各粒径骨料颗粒的比例。该级配曲线是由 Fuller 在大量实验的基础上提出的最大密实度理想级配曲线,常用的三维 Fuller 理想级配曲线方程如下:

$$P = 100 \sqrt{\frac{D}{D_{\max}}} \tag{5.1}$$

式中:P 代表通过孔径为 D 的筛子的骨料占比;$D_{\max}$ 代表混凝土最大骨料粒径,单位 mm;D 代表筛孔直径,单位 mm。

通过式(5.2)可计算粒径为 D 的骨料颗粒数量的累计频率分布:

$$F(D) = \frac{1/D_0^2 D_0^{1/2} - 1/D^2 D^{1/2}}{1/D_0^2 D_0^{1/2} - 1/D_{\max}^2 D_{\max}^{1/2}} \tag{5.2}$$

式中:D_0 为骨料的最小粒径。

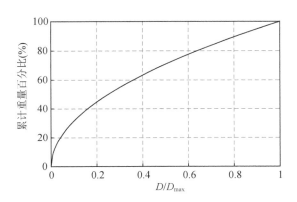

图 5.1　Fuller 级配曲线

需要说明的是,Fuller 曲线是三维空间中的骨料级配分布曲线,因此在二维混凝土细观结构模拟中,需将其转换为二维平面级配曲线,将三维空间骨料含量与分布信息转化为二维平面骨料含量与分布信息。Walraven 基于骨料几何形状概念,给出了 Fuller 曲线的空间-平面转换公式,为空间级配曲线转换为平面级配曲线提供了依据,具体表达式为

$$
\begin{cases}
P(d > D) = 100(1 + \omega^2/2)(1 - \omega^2/2)^{1/2} - \int_{\omega}^{1} f(\omega_\varphi) W(\omega, \omega_\varphi) \mathrm{d}\omega_\varphi \\
W(\omega, \omega_\varphi) = \dfrac{3}{2} \left(\dfrac{\omega^4}{\omega_\varphi^4} \right) \dfrac{1}{(\omega^2 - \omega_\varphi^2)^{1/2}}
\end{cases}
$$

$$(5.3)$$

式中:P 为混凝土中骨料直径大于 D 的概率;ω 为骨料直径与最大骨料颗粒直径相除得到的无量纲数;$f(\omega_\varphi)$ 为三维 Fuller 级配曲线表达式,ω_φ 为无量纲积分变量,其计算公式为 $\omega_\varphi = D_\varphi / D_{max}$。

也可直接用公式(5.4)中的累积分布函数,表示混凝土内截面上任意一点位于 $D < D_0$ 内接圆区域上的概率,其公式推导示意图如图 5.2 所示,其公式表达式如下:

$$
P_c(D < D_0) = P_k
\begin{pmatrix}
1.455(D_0/D_{max})^{0.5} - 0.50(D_0/D_{max})^2 + 0.036(D_0/D_{max})^4 + \\
0.006(D_0/D_{max})^6 + 0.002(D_0/D_{max})^8 + 0.001(D_0/D_{max})^{10}
\end{pmatrix}
$$

$$(5.4)$$

式中:D_{max} 为最大骨料直径;D_0 为筛孔直径;P_k 是骨料颗粒占混凝土总体积的百分比;P_c 是特定骨料级配在试件二维截面中出现的概率,从而可以计算试件截面内各粒径骨料的含量。利用式(5-4)可实现混凝土骨料含量的空间和平面换算,虽然 Walraven 公式是建立在球形骨料的基础上,根据骨料的几何关系推导出来的,但对于混凝土的任一截面,从统计意义来看,Walraven 公式也适用于多边形骨料。

水工混凝土相较于普通混凝土骨料粒径更大,其最大骨料粒径可达 150 mm[1],且水工混凝土的水和水泥用量少,粗骨料用量占比较大,因此相较于普通混凝土骨料含量更高,水工大骨料混凝土通常采用三级配或者四级配,骨料含量可高达 $60\% \sim 70\%$。按照水利水电行业的施工要求,通常依据骨料粒径的不同将混凝土中的骨料分为两种:当骨料粒径范围为 $0.16 \sim 0.5$ mm,则为细骨料,当骨料粒径位于 $5 \sim 150$ mm 时,则为粗骨料,粗骨料通

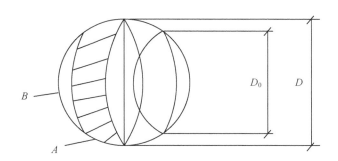

图 5.2　Walraven 公式推导示意图[2]

常根据粒径大小分为小石、中石、大石以及特大石。鉴于细骨料数量极多,若全部模拟将会大大增加计算成本,因此本章在细观结构模拟中,不单独模拟水工混凝土中的细骨料,而是以均匀的砂浆代替细骨料与水泥浆的复合体,下文中"骨料"、"粗骨料"均表示石子。具体不同级配的骨料粒径范围详见表 5.1[3],其中包含四种骨料级配的混凝土(四级配混凝土)也称为全级配混凝土。

表 5.1　不同级配混凝土骨料粒径范围说明

骨料粒径(mm)	5~20	20~40	40~80	80~150
骨料分类	小骨料	中骨料	大骨料	特大骨料
骨料级配	一	二	三	四
小：中：大：特大	1：0：0：0	5.5：4.5：0:0	3：3：4：0	2：2：3：3

5.2　多边形骨料的模拟

真实的水工混凝土骨料往往形状各异且非常不规则,因此想真实还原其"样貌"和形状往往比较困难,在骨料形状的模拟中,往往将骨料形状简化处理以便于编程建模。骨料颗粒的形状一般取决于骨料类型,天然骨料大多光滑饱满,在细观结构模拟中常用圆形或椭圆形模拟,而经人工产生的碎石骨料几何形状极其不规则,常用凸多边形来模拟碎石骨料。而水工混凝土多边形骨料主要以碎石骨料为主,天然骨料较少。碎石骨料通常为边数随机的凸多边形,由于骨料形状对混凝土性能影响较大,且任意形状的凸多边形骨料能更真实模拟混凝土的随机特性,因此本节着重于多边形骨料模拟。目前常用的多边形骨料的生成方法主要有两种：第一种方法通过生成三角形或四边形基骨料，后进行延伸生成任意凸多边形骨料，河海大学孙立国采用此种方法模拟凸多边形骨料；第二种方法通过生成圆形骨料，在圆上取点随机生成多边形骨料[4]。本节将介绍更加简便的凸多边形骨料的模拟方法[5]。

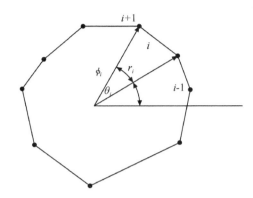

图 5.3 多边形骨料轮廓及极坐标

如图 5.3 所示，凸多边形骨料的形状可由顶点个数 n（即凸多边形的边数）和顶点坐标确定，任意顶点 i 的坐标由极径 r_i 和极角 θ_i 两部分组成，只要确定了每个顶点的坐标以及边数，骨料的形状也就确定了。本章在骨料的形状模拟过程中参考相关文献，考虑多边形骨料的最大边数为 10，即将 n 视为分布在 4～10 之间的随机整数变量，而对于顶点坐标（r_i，θ_i）的确定通常有以下两种方法。

方法一：将 n 个顶点坐标中极角 θ_i 和极径 r_i 都视为随机变量。对于极角 θ_i，被认为是（0，2π）上的随机变量，θ_i 可以通过（0，1）上的随机数 η_i 与 2π 的乘积得到，这样得到 θ_i 值是无序排列的，应对其进行升序排列以方便编程使用；对于极径 r_i，被认为是（A_0-A_1，A_0+A_1）上的随机变量。A_0 为骨料的粒径尺寸，A_1 为控制骨料形状的相关参数，r_i 和 θ_i 值可通过式（5.5）得到。

$$\begin{cases} \theta_i = \eta_i \times 2\pi \\ r_i = A_0 + (2\eta_i - 1) \times A_1 \end{cases} \tag{5.5}$$

式中：η_i 为均匀分布在（0，1）上的随机数，且在求 r_i 和 θ_i 时，两组随机数是相互独立的。

方法二：将顶点坐标中极径 r_i 和角度差值 ϕ_i（见图 5.3，$\phi_i = \theta_{i+1} - \theta_i$）视

为随机变量,极径 r_i 被认为是 (A_0-A_1,A_0+A_1) 上的随机值,可由式(5.5)得到,由于骨料的边数为 n,可知 ϕ_i 的平均值为 $2\pi/n$,将 ϕ_i 看作是 $\left(\dfrac{2\pi}{n}-\delta\dfrac{2\pi}{n},\dfrac{2\pi}{n}+\delta\dfrac{2\pi}{n}\right)$ 上的随机值,其中 δ 是比 1 小的一个常数,ϕ_i 的计算公式为

$$\phi_i=\frac{2\pi}{n}+(2\eta_i-1)\times\delta\times\frac{2\pi}{n} \tag{5.6}$$

由于式(5.6)得到的 ϕ_i 是随机的,故无法保证 ϕ_i 求和的结果为 2π,为了使模拟的多边形骨料是闭合的,需要在式(5.6)的基础上调整 ϕ_i 值,具体调整公式如下:

$$\overline{\phi_j}=\phi_i\times\frac{2\pi}{\displaystyle\sum_{j=1}^{n}\phi_j} \tag{5.7}$$

顶点 i 的极角 θ_i 可以由下式计算得到:

$$\theta_i=\alpha+\sum_{j=1}^{n}\overline{\phi_j} \tag{5.8}$$

式中:α 为骨料第一个顶点的极角。

上述两种方法均可用于多边形骨料的形状模拟,采用方法一产生的多边形骨料形状角度更为尖锐,且生成更多的凹面,而采用方法二生成的多边形骨料相较于方法一形状更符合实际,凹面生成的情况也相对较少,因此本章采用方法二来模拟多边形骨料。

为了避免产生"针状"多边形骨料,对骨料的"长宽比"进行了限制,为此应对多边形骨料的宽度(width)和长度(length)进行定义,如图 5.4 所示,将多边形骨料能通过的"最小尺寸"定义为骨料的宽度,可以作多个刚好能包含骨料的矩形,所有矩形中最小的宽度即为多边形骨料的宽度,而该矩形对应的长度也即是骨料的长度,这样就能求得所生成骨料的长宽比值。可通过以下步骤来找到这样的矩形和多边形骨料的宽度:①依次考虑每条边,比如以顶点 i 和顶点 $i+1$ 连成的边作为矩形的一条边,用这条边来构造矩形,这条边同时作为 uv 笛卡尔坐标系下的 u 轴,将骨料所有节点的坐标利用式(5.9)转化为 uv 坐标系下的坐标,完成坐标变换后,坐标的最大与最小值即为矩形的边界,v 坐标的最大值与最小值之差即为这个矩形宽度;②计

算完所有边的矩形宽度后,找出其中的最小值,该值即为多边形骨料的宽度。

$$\begin{bmatrix} u \\ v \end{bmatrix} = \begin{bmatrix} \cos\theta & \sin\theta \\ -\sin\theta & \cos\theta \end{bmatrix} \begin{bmatrix} x \\ y \end{bmatrix} \tag{5.9}$$

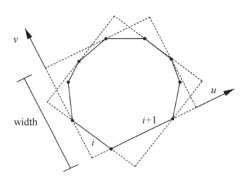

图 5.4 多边形骨料的宽度计算示意图

由于骨料是随机生成的,通常生成骨料的长宽比也是不确定的,可以通过纵向拉伸或压缩来调整形状,从而限制多边形骨料的长宽比以避免出现"针状"多边形骨料。对于这种形状调整,通常是在找到最小骨料宽度所对应的笛卡尔坐标系中进行最为容易,假设顶点 i 在变换坐标系中的坐标为 u_i 和 v_i,则进行形状调整后的坐标 u_i' 和 v_i' 为

$$\begin{cases} u_i' = \kappa \cdot u_i \\ v_i' = v_i \end{cases} \tag{5.10}$$

式中:κ 为预设长宽比与实际长宽比的比值。

基于上述理论,本章利用 MATLAB 编制了 Aggregate. m 程序用以生成具有特定长宽比的多边形骨料,在单个骨料生成过程中,首先生成具有随机形状的凸多边形骨料,然后通过给定的长宽比改变骨料形状以达到模拟效果。具体生成步骤如下。

步骤 1:确定与多边形骨料形状相关的参数 A_1 与长宽比 E。取 $A_1 = 0.3 \cdot A_0$(A_0 为给定骨料的最小宽度值),长宽比 E 的取值范围取为(1,2),通过 MATLAB 语句 $E = \mathrm{random}(Uniform', 1, 2)$ 随机生成。

步骤 2:确定凸多边形骨料顶点个数 n(即凸多边形骨料的边数)。n 通过

MATLAB 内置 random 和 round 函数生成。$n=\text{round}[4.0+\text{random}(Uniform',0,1)\cdot 6.0]$，$n$ 的取值范围取为 $[4,10]$。

　　步骤 3：确定凸多边形骨料各个顶点的位置，通过随机生成极径 r_i 和角度差值 ϕ_i 来确定顶点坐标。$r(i)=A_0+\text{random}(Uniform',-1,1)\cdot A_1$；$fi(i)=\text{random}(Uniform',0,2\cdot pi)$，$fi(i)=[fi(i)\cdot 2\cdot pi]/Ttheta$。$r_i$ 取值范围为 $(A_0-A_1,\ A_0+A_1)$，ϕ_i 取值范围为 $(0,\ 2\pi)$，且 ϕ_i 之和为 2π。

　　步骤 4：将步骤 3 生成的矩阵 $\boldsymbol{\phi}[\phi_1,\phi_2,\phi_3,\cdots,\phi_n]$ 换算为顶点的极角坐标矩阵 $\boldsymbol{\theta}[\theta_1,\theta_2,\theta_3,\cdots,\theta_n]$，并将顶点的极坐标转化为笛卡尔直角坐标，然后利用面积来判断多边形的凹凸性，若判断所生成的多边形为凸多边形，则进行下一步，若判断所生成的多边形为凹多边形，则舍弃当前的坐标，生成新的坐标，直至生成第一个凸多边形骨料。

　　步骤 5：计算步骤 4 所生成凸多边形骨料的长宽比，并依据步骤 1 中长宽比的值来调整顶点坐标，从而改变骨料形状，后依据多边形骨料当前最小宽度与给定宽度（A_0）再次调整顶点坐标，即可生成符合给定宽度与长宽比的凸多边形骨料。

　　主程序每调用一次 Aggregate.m，就能生成一颗凸多边形骨料，而且骨料的长宽比在给定范围中随机生成，因此生成的凸多边形骨料的长宽比具有一定的随机性，在一定程度上模拟了多边形骨料形状的随机特性。图 5.5 为 $A_0=0.05$ m 条件下模拟生成的凸多边形骨料。

5.3　随机骨料的生成与投放

5.3.1　随机数的产生

　　混凝土中骨料的粒径与其在混凝土试件截面上的位置均是随机的，为模拟这种随机特性就需要一种基本工具，而这个工具就是随机数，随机骨料的生成与投放实际上是用一组随机数来代替某些随机过程中的不确定量。随机数的生成方法有随机法、物理方法和数学方法三类：前两种方法由于自身的局限性已经被淘汰，目前主要采用数学方法来产生随机数。就产生随机数而言，最基本的随机变量即均匀分布在 0～1 之间的随机变量，若 X 为 $[0,1]$ 区间上均匀分布的随机变量，则其概率密度函数 $f(x)$ 为

$$f(x)=\begin{cases}1,x\in[0,1]\\0,x\notin[0,1]\end{cases} \tag{5.11}$$

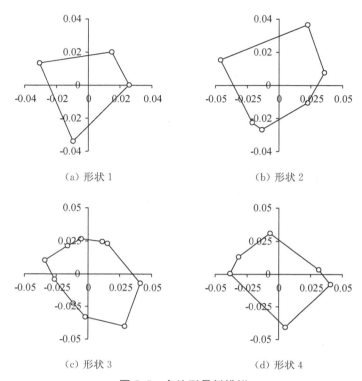

(a) 形状 1　　　　　　　　　　(b) 形状 2

(c) 形状 3　　　　　　　　　　(d) 形状 4

图 5.5　多边形骨料模拟

在计算机中可产生随机变量 X 的抽样序列 $\{x_n\}$，x_n 为 $[0，1]$ 区间上服从均匀分布的随机数，在本章中，骨料的位置与骨料粒径均是利用 MATLAB 中的 rand 及 random 等一系列随机函数获取的随机数列。随机函数实际上是一个"伪随机数生成器"，为了使生成的随机数更贴近真实的随机试验结果，本章在调用 rand 或 random 函数之前通过调用 MATLAB 的控制随机数生成器 rng('shuffle') 进行"混洗"，从而产生不同的随机数序列。

5.3.2　骨料的生成与投放

首先根据混凝土骨料含量与级配组合生成骨料颗粒，生成骨料颗粒后逐一在投放区域内进行投放，投放区域随着混凝土试件形状变化而改变，通常为长方形。骨料投放需满足以下条件：①骨料需在投放区域内，不能与边界发生侵入；②骨料与骨料之间不能发生重叠或者侵入且存在一个最小距离；③骨料与试件边界之间应存在一个最小距离。本章采用"Take and Place"方法来完成随机骨料的生成与投放,该方法通过给定级配曲线生成骨料颗粒,并将骨料一个接一个地投放到混凝土中,且不与前面投放骨料重叠,使骨料颗粒在空间分布尽可能趋于实际情况,其骨料投放位置由式(5.12)确定。

$$\begin{cases} X_0 = X_{\min} + \eta_1 \times (X_{\max} - X_{\min}) \\ Y_0 = Y_{\min} + \eta_2 \times (Y_{\max} - Y_{\min}) \end{cases} \tag{5.12}$$

式中:$X_{\min}$,$X_{\max}$ 和 $Y_{\min}$,$Y_{\max}$ 分别是投放区域 X 坐标的最小、最大值与 Y 坐标的最小、最大值,η_1 与 η_2 为两组独立均匀分布在 0 和 1 之间的随机数。

下面将对"Take and Place"方法中骨料的生成和投放进行详细叙述。

(1)骨料生成

在骨料生成过程中,首先计算出每个级配中的骨料含量(面积),从粒径最大的级配开始,骨料一个接一个地生成,当前级配面积达到所需要求后,接着开始下一级配的骨料生成,具体步骤如下。

步骤1:生成一个随机数代表骨料粒径 d_a,d_a 服从均匀分布,因此可以表示为 $d_a = d_{\min} + P \times (d_{\max} - d_{\min})$,$d_{\max}$ 和 $d_{\min}$ 分别为当前级配骨料粒径的最大值与最小值。

步骤2:凸多边形骨料边数的取值范围为 4 到 10,其最小宽度为 d_a,调用 Aggregate.m 生成凸多边形骨料,每生成一个骨料计算一次当前级配生成骨料的总面积。

步骤3:若当前级配段骨料面积累积值达到计算值或者剩余面积不足以生成该级配段粒径的一颗骨料,则将剩余骨料面积加入下一个级配并进行下一级配段的骨料生成,直到所有级配段的骨料生成完毕。

(2)骨料投放

骨料生成完毕后就是骨料的投放,在骨料投放之前需要按照它们的粒径大小对骨料颗粒进行排序。对于骨料,还需考虑其与砂浆之间的界面过渡区(ITZ),所以需要在其周围增加一个给定值(ITZ 的厚度),这意味着这部分的面积由骨料和 ITZ 共同组成。当骨料大小重新修改后,所有骨料从粒径最大的开始依次进行投放,具体步骤如下。

步骤1:使用 X 和 Y 坐标按照边界顶点编号顺时针或者逆时针的顺序定义混凝土试件的形状,这将在步骤 3 中用来检查骨料是否在混凝土试件内部。

步骤2:给定混凝土试件边界顶点 X 和 Y 方向的最大值 $X_{\max}$ 和 $Y_{\max}$,最小值 $X_{\min}$ 和 $Y_{\min}$,并在其范围内生成随机数用来定义骨料的位置与方向。

步骤 3：执行骨料的投放，如果满足下列四个条件，骨料就被成功投放。①整个骨料在混凝土试件内；②当前投放骨料与已投放骨料之间没有重叠和交叉发生；③在骨料和试件边界之间应存在最小距离（由 r_1 定义）；④任何两骨料之间应该存在最小间隙（由 r_2 定义）。如果违反了四个条件中的任何一个，则重复步骤 2 以进行新的尝试，直到完成骨料的投放。

步骤 4：重复步骤 2 和步骤 3 直到所有的骨料被投放入试件内。

经过骨料的生成并投放到指定区域后，便完成了水工混凝土细观结构中骨料与界面过渡区的模拟（其中界面过渡区假设为等厚度包裹在骨料外边，通过骨料向外扩展得到界面的轮廓线）。试件中骨料与界面过渡区以外的区域即是砂浆，从而实现了水工混凝土细观结构的几何重构。图 5.6 给出了随机多边形骨料的投放结果与界面生成。

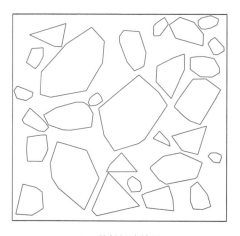

（a）骨料投放结果　　　　　　　　　　　　（b）界面生成

图 5.6　随机多边形骨料投放与界面生成

5.3.3　程序实现及模拟实例

基于 MATLAB 编程语言编制了水工混凝土细观结构结构生成程序（CMSS. m），通过读取输入的参数（试件的顶点坐标、各级配的粒径范围与骨料含量）从而生成骨料随机分布的水工混凝土细观结构。其编制流程如图 5.7 所示。

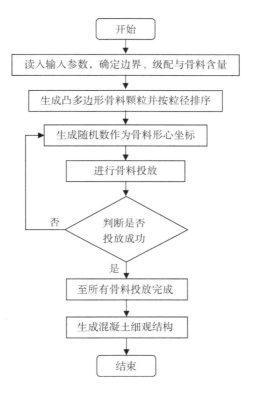

图 5.7　混凝土细观结构结构模拟程序流程

　　利用水工混凝土细观结构结构生成程序(CMSS. m)分别对平面骨料含量为 40％和 60％的二级配、三级配和四级配水工混凝土试件的细观结构进行模拟,其中二级配混凝土试件的尺寸为 150 mm×150 mm,三级配混凝土试件的尺寸为 300 mm×300 mm,四级配混凝土试件的尺寸为 450 mm×450 mm,模拟结果详见图 5.8。

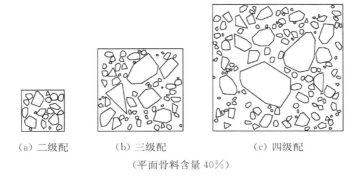

(a)二级配　　　　　(b)三级配　　　　　　　　(c)四级配

(平面骨料含量 40％)

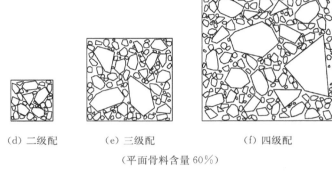

(d) 二级配　　　　　(e) 三级配　　　　　　(f) 四级配

(平面骨料含量 60%)

图 5.8　混凝土试件细观结构

5.4　单轴拉伸破坏数值模拟

5.4.1　网格剖分

为了建立混凝土细观数值模型,首先需要在混凝土细观结构的基础上进行网格自动剖分。本章网格剖分是通过 ABAQUS 实现的,采用自带网格自适应功能的自由网格技术,避免了对模型的几何限制。对于网格划分,混凝土中的不同成分,如砂浆和骨料,应在其表面保持连续性。此外,界面过渡区(ITZ)厚度在网格剖分中是一个重要影响因素,ITZ 厚度取值太小,会导致骨料和砂浆的单元尺寸过小甚至根本无法剖分网格,不仅会使得整体单元数量急剧增加,大大提高了计算成本,降低了计算效率,还会引起应力局部变化从而影响计算精度,因此应该合理设置 ITZ 厚度和妥善处理骨料砂浆与 ITZ 处过渡网格的生成,在保证计算精度的前提下尽可能减少单元的数量,从而减少有限元数值模拟所耗费的时间,在一定程度上也提高了计算效率。

本章中 ITZ 厚度取为 100 μm,且认为 ITZ 位于每个骨料和砂浆之间,假定 ITZ 为等厚度包裹在骨料外边。通过 MATLAB 编写程序调用 ABAQUS 的前处理模块,开发了一个网格生成器,先剖分骨料及砂浆的网格,后通过调整骨料砂浆接触节点的坐标形成界面过渡区的单元,其中骨料和砂浆为三角形单元,界面过渡区则是四边形单元。详细的网格划分过程描述如下。

(1) 对于生成细观结构的数值混凝土试样,首先利用网格生成器将混凝土细观结构作为输入数据生成一个两部分的 Python 文件,文件的第一部分定义了混凝土试样的边界、骨料位置和形状,文件的第二部分指定网格离散参数。

（2）调用 ABAQUS 前处理模块去执行生成的 Python 文件，这样可以得到骨料、砂浆原始的三角形网格。需要引起注意的是，此时界面过渡区 ITZ 单元并不包括在原始生成的有限元网格中，骨料单元不仅占据骨料的面积，而且占据了 ITZ 的面积。

（3）基于骨料边界上原始节点的坐标和给定 ITZ 的厚度对原始有限元网格节点信息进行修改，插入 ITZ 单元。最后，生成一个包含骨料、砂浆以及界面过渡区的单元和节点详细信息的 INPUT 文件。

通过上述步骤便可将水工混凝土细观结构离散得到有限元网格，图 5.9（a）给出了包含骨料、砂浆及 ITZ 单元的整体有限元网格，图 5.9（b）给出了局部放大的有限元网格，可以看出骨料、砂浆及 ITZ 单元网格形状较为规整。

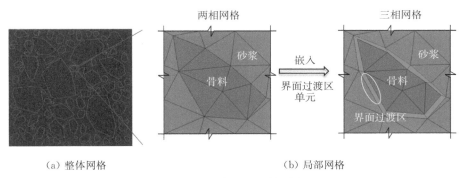

（a）整体网格　　　　　　　　　　　　　　（b）局部网格

图 5.9　有限元网格划分

5.4.2　混凝土损伤塑性模型

本章采用混凝土塑性损伤模型为细观组分力学本构，混凝土塑性损伤模型（Concrete Damaged Plasticity，CDP）最开始用于模拟混凝土单调加载情况下的损伤破坏，后经过扩展，可用于动态与循环加载模拟。混凝土损伤塑性模型引入了损伤变量，通过对混凝土刚度矩阵折减来描述混凝土材料在复杂荷载下的材料力学特性退化这一现象，此外，该模型假定混凝土的破坏形式主要是受拉开裂破坏和受压压裂破坏两种，同时考虑了混凝土材料的拉压异性。ABAQUS 内置了 CDP 模型用以模拟混凝土的损伤开裂行为。CDP 模型通过 $\tilde{\varepsilon}_t^{pl}$（等效塑性拉伸应变）和 $\tilde{\varepsilon}_c^{pl}$（等效塑性压缩应变）两个硬化参数控制混凝土的失效破坏面，在达到峰值应力前，该模型假定混凝土的宏观应力-应变曲线为线弹性,混凝土处于弹性阶段,当荷载超过峰值应力之后,混凝土内部薄弱面发生损伤开裂,混凝土进入非线性软化阶段。

图 5.10 给出了混凝土塑性损伤模型单轴拉伸本构关系曲线,在单轴拉伸条件下,CDP 模型中的总拉伸应变可通过式(5.13)进行计算:

$$\varepsilon_t = \varepsilon_t^{el} + \widetilde{\varepsilon}_t^{pl} \tag{5.13}$$

式中:ε_t 为总拉伸应变,由弹性应变 ε_t^{el} 和等效塑性拉伸应变 $\widetilde{\varepsilon}_t^{pl}$ 两部分组成。

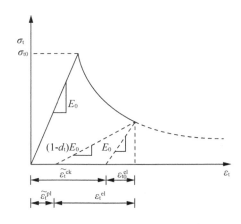

图 5.10　混凝土塑性损伤模型单轴拉伸本构关系曲线

当混凝土进入非线性软化阶段后,混凝土材料的力学特性衰退,其等效塑性应变与开裂应变之间的关系为

$$\widetilde{\varepsilon}_t^{pl} = \widetilde{\varepsilon}_t^{ck} - \frac{d_t}{(1-d_t)} \frac{\sigma_t}{E_0} \tag{5.14}$$

式中:$\widetilde{\varepsilon}_t^{ck}$ 为开裂应变;d_t 为拉伸损伤因子,其取值代表混凝土的拉伸损伤程度,$d_t = 0$ 则代表无损伤,$d_t = 1$ 表示完全损伤;σ_t 为拉应力;E_0 是初始弹性模量,$E = (1-d_t)E_0$。

由式(5.13)和式(5.14)可得出混凝土在单轴拉伸情况下的应力-应变关系:

$$\sigma_t = (1-d_t)E_0(\varepsilon_t - \widetilde{\varepsilon}_t^{pl}) \tag{5.15}$$

图 5.11 给出了混凝土塑性损伤模型单轴受压本构关系曲线,混凝土处于单轴受压状态时,当压应力小于初始屈服应力时,CDP 模型假定混凝土材料处于弹性阶段;与单轴受拉的应力-应变曲线有所不同,当压应超过初始屈服

应力且未到达峰值应力之前,混凝土材料处于压缩硬化阶段;在应力超过峰
值应力后,材料发生破坏,混凝土进入软化阶段,单轴受压作用下混凝土应力-
应变关系可表示为

$$\sigma_c = (1 - d_c) E_0 (\varepsilon_c - \widetilde{\varepsilon}_c^{pl}) \tag{5.16}$$

式中:σ_c 为压应力;d_c 为压缩损伤因子;ε_c 为压缩总应变;$\widetilde{\varepsilon}_c^{pl}$ 为等效压缩塑性
应变。

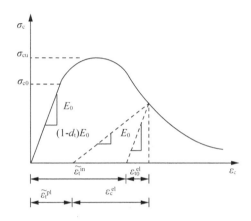

图 5.11　混凝土塑性损伤模型单轴受压本构关系曲线

基于损伤力学理论,有效拉应力和有效压应力可以表示为

$$\overline{\sigma}_t = \frac{\sigma_t}{1 - d_t} = E_0 (\varepsilon_t - \widetilde{\varepsilon}_t^{pl}) \tag{5.17}$$

$$\overline{\sigma}_c = \frac{\sigma_c}{1 - d_c} = E_0 (\varepsilon_c - \widetilde{\varepsilon}_c^{pl}) \tag{5.18}$$

此外,混凝土损伤塑性模型利用拉伸损伤 d_t 和压缩损伤 d_c 来综合表征混
凝土在复杂应力状态下的损伤 d。

$$d = 1 - (1 - S_t d_t)(1 - S_c d_c) \tag{5.19}$$

式中:S_t 与 S_c 是应力状态函数,用于描述刚度恢复的影响。

为了能够合理地描述混凝土材料剪胀性,CDP 模型基于非关联流动法
则,将 Drucker-Prager 形函数作为塑性势函数 G。

$$G = \sqrt{(\varepsilon\sigma_{t0} \tan\psi)^2 + \overline{q}^2} - \overline{p}\tan(\psi) \tag{5.20}$$

式中：ε 是势函数偏心率，σ_{t0} 是单轴抗拉强度，ψ 是 p-q 平面内高围压时的膨胀角。

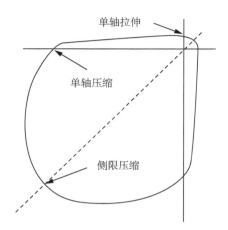

图 5.12　平面应力作用下的塑性屈服面示意图

图 5.12 给出了 CDP 模型在平面应力作用下的塑性屈服面。在有效应力空间中，CDP 模型的屈服函数为

$$F(\bar{\sigma},\tilde{\varepsilon}^{\mathrm{pl}}) = \frac{1}{1-\alpha}(\bar{q} - 3\alpha\bar{p} + \beta(\tilde{\varepsilon}^{\mathrm{pl}})\langle\bar{\sigma}_{\max}\rangle - \gamma\langle-\bar{\sigma}_{\max}\rangle) - \bar{\sigma}_c(\tilde{\varepsilon}^{\mathrm{pl}})$$

$$(5.21)$$

式中：α 和 γ 是无量纲的材料参数，α 可由单轴和双轴受压屈服应力的比值得到；γ 可由拉压子午线第二应力不变量之比得到；$\bar{p}$ 和 $\bar{q}$ 分别为有效静水压力和 Mises 等效应力；$\bar{\sigma}_{\max}$ 为 $\bar{\sigma}$ 的代数最大主值，$\bar{\sigma}_c$ 是单轴抗压强度。$\beta(\tilde{\varepsilon}^{\mathrm{pl}})$ 的表达形式为

$$\beta(\tilde{\varepsilon}^{\mathrm{pl}}) = \frac{\bar{\sigma}_c(\tilde{\varepsilon}_c^{\mathrm{pl}})}{\bar{\sigma}_t(\tilde{\varepsilon}_c^{\mathrm{pl}})}(1-\alpha) - (1+\alpha)$$

$$(5.22)$$

5.4.3　细观材料参数取值

在混凝土细观结构中，骨料起着主要的"支撑作用"，骨料的强度与刚度都远远大于其他两相材料，研究表明，在低应变速率荷载作用下，骨料不会发生破坏，因此本章认为骨料在变形过程中始终处于弹性状态，用线弹性本构来模拟，因此定义材料参数时只需定义其密度、弹性模量与泊松比，在本节中，

骨料的弹性模量和泊松比分别取为 50 GPa 和 0.2,密度取为 2 800 kg/m³。

砂浆的力学参数取值对混凝土宏观力学性能有着重要影响,但由于缺乏系统性的试验研究,目前砂浆力学参数的确定仍然是一个难题,本章采用 CDP 模型来模拟砂浆本构,力学参数取值参考相关文献[6],砂浆弹性模量和泊松比分别取为 20 GPa 和 0.2,密度取为 2 200 kg/ m³,砂浆抗压、抗拉强度分别取 40 MPa 与 4 MPa。

界面过渡区 ITZ 位于骨料和砂浆之间,其密实性和强度较小,是混凝土中最薄弱的环节,由于 ITZ 厚度过小,难以对其开展材料力学参数试验,当前没有实测的 ITZ 材料力学参数,在细观数值模拟中,通常将 ITZ 视为是"弱化"的砂浆,通过砂浆的材料力学参数适当折减得到 ITZ 的力学参数,折减系数在不同文献中取值往往不同,通常为 0.4~0.9,本章按 Song 和 Lu[7] 的建议折减系数取为 0.75。ITZ 的弹性模量及泊松比分别取为 16 GPa 和 0.2,密度取为 2 000 kg/ m³,抗压、抗拉强度分别取为 30 MPa 与 3 MPa。

在 ABAQUS 中 CDP 模型需定义塑性(Plasticity)、压缩行为(Compressive Behavior)和拉伸行为(Tensile Behavior)三部分,定义塑性需要给定剪胀角、偏心率、双轴等压受压与单轴受压强度比、拉压子午线第二应力不变量之比和黏性系数这些参数的取值,本章中 5 个参数的取值分别为 35.0°、0.1、1.16、0.667、0.000 1。

压缩行为需定义应力与非弹性应变以及损伤与非弹性应变之间的关系,需要预先给定砂浆和 ITZ 受压应力-应变本构关系,从而转化为 CDP 所需要的应力与非弹性应变关系。为此,本章假定砂浆及界面过渡区 ITZ 在达到峰值应力(抗压与抗拉强度)之前的应力-应变关系均为线弹性,受压软化曲线采用过镇海模型:

$$\frac{\sigma_c}{f_c} = \frac{\dfrac{\varepsilon_c}{\varepsilon_{c0}}}{\alpha \left(\dfrac{\varepsilon_c}{\varepsilon_{c0}} - 1\right)^2 + \dfrac{\varepsilon_c}{\varepsilon_{c0}}} \tag{5.23}$$

式中:σ_c 与 ε_c 分别是压应力与压应变,f_c 与 ε_{c0} 为抗压强度及峰值压应变,系数 $\alpha = 0.157 f_c^{0.785} - 0.905$。

而拉伸行为定义方式有应力-非弹性应变定义、应力-开裂位移定义以及断裂能定义,其中开裂位移与断裂能都属于能量定义方式,采用能量方式定义可减少网格依赖性,本章采用应力-开裂位移方式(关键字:"∗ CONCRETE

TENSION STIFFENING，TYPE＝DISPLACEMENT"）定义砂浆和 ITZ 的拉伸行为，软化曲线选用采用式（5.24）中的拉应力-开裂位移关系。

$$\frac{\sigma_t}{f_t} = \left[1 + \left(c_1 \frac{w}{w_f}\right)^3\right] \exp\left(-c_2 \frac{w}{w_f}\right) - \frac{w}{w_f}(1 + c_1^3)\exp(-c_2) \quad (5.24)$$

式中：σ_t 为拉应力；f_t 为抗拉强度；c_1 与 c_2 是材料相关常数，对于混凝土材料，通常取 $c_1 = 3$，$c_2 = 6.93$；w_f 为最大开裂宽度，计算公式为

$$w_f = 5.14 \frac{G_f}{f_t} \quad (5.25)$$

式中：G_f 为断裂能，本章中根据相关文献建议[8]，砂浆断裂能取为 392 N/m，ITZ 断裂能取为 196 N/m。

本节模型最终采用的混凝土细观计算参数如表 5.2 所示。

表 5.2　混凝土细观计算参数取值

材料	弹性模量（GPa）	泊松比	抗压强度 f_c（MPa）	抗拉强度 f_t（MPa）	断裂能（N/m）
骨料	50	0.2	—	—	—
砂浆	20	0.2	40	4	392
ITZ	16	0.2	30	3	196

5.4.4　模拟结果

5.4.4.1　破坏过程

为模拟水工混凝土在单轴拉伸荷载下的开裂破坏过程，生成空间骨料含量为 70％（平面骨料含量为 51.2％）的水工三级配混凝土试件（见图 5.13）并建立细观有限元数值模型，模型尺寸为 300 mm×300 mm，试件左端施加位移约束，右端采用均匀位移荷载加载位移 $u = 1.8 \times 10^{-4}$ m，相当于 600 个微应变，为保证计算结果的收敛性，采用显式分析方法进行求解。通过大量试算，最终确定加载速率为 5 mm/s，该速率下模型的惯性效应较小，可以实现水工三级配混凝土试件单轴拉伸状态下的准静态分析。

利用水工混凝土试件位移加载面上的反力 RF 与位移 u，计算得到宏观平均应力与平均应变。图 5.14 给出了水工混凝土试件在单轴拉伸荷载作用下的应力-应变曲线。由图 5.14 可知，在受拉条件下，混凝土经过短暂的线弹性状态后（oa 段），进入弹塑性状态（ac 段），应力达到极值（c 点），峰值应力过

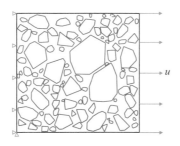

图 5.13 单轴拉伸模型边界条件及荷载示意图

后表现出软化的现象（ce 段），细观有限元分析得到的应力-应变曲线与混凝土宏观应力-应变曲线发展趋势具有相似性，证明了利用细观有限元分析方法研究混凝土宏观力学行为的可靠性。模拟得到水工混凝土试件的抗拉强度为 2.92 MPa。

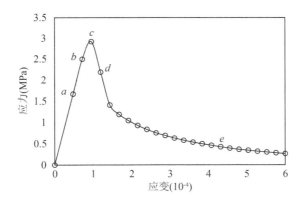

图 5.14 单轴拉伸应力-应变曲线

图 5.15 给出了水工混凝土试件在单轴拉伸荷载作用下裂纹萌生、扩展以及贯通的全过程，为方便查看裂缝的位置，将受拉变形放大 30 倍。初始阶段，由于荷载较小，混凝土各相材料均处于线弹性状态，并未出现裂纹，见图 5.15（a）；随着位移荷载加大，拉应力逐渐增加，由于界面单元力学性能最弱，最先达到抗拉强度，因此该部位最先萌生微裂纹，且微裂纹最先出现在大骨料附近的界面单元中并沿着骨料扩展，见图 5.15（b）；随着荷载继续增加，微裂纹逐渐向砂浆中扩展，见图 5.15（c）；随着裂纹的逐渐延伸，界面与砂浆中的微裂纹交汇形成宏观裂缝并迅速贯通整个水工混凝土试件，见图 5.15（d）和

（e），此时，混凝土试件失去了承载能力，对应宏观应力-应变曲线软化下降段。可见水工混凝土的宏观力学特性与细观层面上微裂纹萌生和扩展过程密切相关。

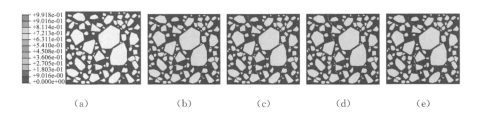

图 5.15　水工混凝土开裂全过程

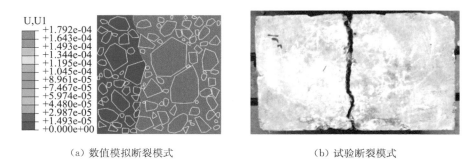

（a）数值模拟断裂模式　　　　　　　（b）试验断裂模式

图 5.16　水工混凝土试件拉伸断裂模式对比

图 5.16（a）为水工混凝土试件在单轴拉伸荷载作用下最终的破坏断裂模式，试件裂缝截面两端位移量值差异明显，裂缝左端由于应力降低处于卸载状态，位移量值有所减小，而裂缝右端直接受到逐渐增大的位移拉伸荷载，在加载过程中位移量值一直增加，这就造成了裂缝截面两端位移的差异；比较图 5.16（a）与（b），可以看出数值模拟结果中的断裂模式与试验吻合较好，均产生了一条贯通整个试件截面的曲折宏观裂缝，裂缝方向大致与拉伸荷载作用方向垂直，验证了本章建立的细观数值模型在一定程度上能模拟出水工混凝土的实际拉伸破坏过程。

5.4.4.2　骨料随机分布的影响

水工混凝土粗骨料在空间分布上具有随机性，而骨料空间分布的随机性是水工混凝土材料最终破坏模式在宏观尺度上呈现出随机性特点的主要原因；为此，生成 5 个骨料含量相同（空间骨料含量 70%）但骨料位置随机分布的水工三级配混凝土试件（见图 5.17），用以研究骨料随机分布对水工混凝土拉伸破坏过程的影响，图 5.18 给出了不同骨料位置分布试件在单轴拉伸条件下的应力-应变曲线；图 5.19 给出了不同骨料位置分布试件的断裂模式。

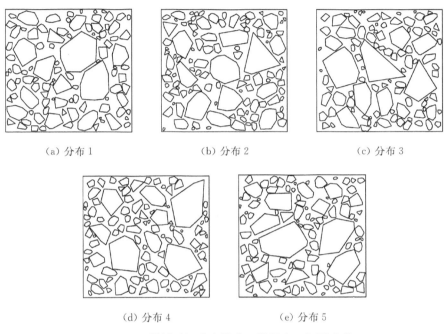

（a）分布 1　　　　　（b）分布 2　　　　　（c）分布 3

（d）分布 4　　　　　（e）分布 5

图 5.17　骨料随机分布的水工混凝土三级配试件

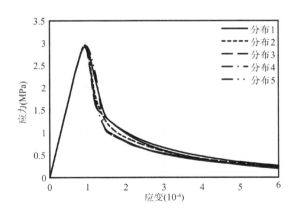

图 5.18　不同骨料分布试件的单轴拉伸应力-应变曲线

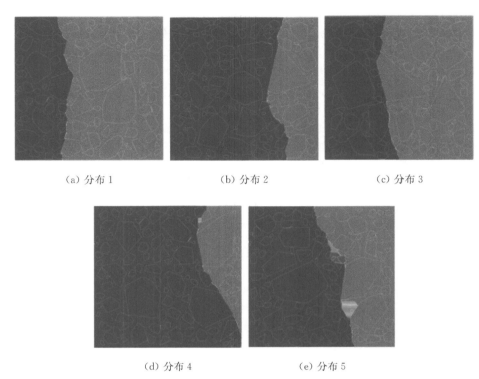

(a) 分布 1　　　　　　　　(b) 分布 2　　　　　　　　(c) 分布 3

(d) 分布 4　　　　　　　　(e) 分布 5

图 5.19　不同骨料分布试件断裂模式

由图 5.18 可知,在弹性阶段,具有不同骨料分布的水工混凝土试件的应力-应变曲线走向基本一致,在到达峰值应力进入软化阶段后,各个模型曲线走向有所差异,呈现出一定的离散性,但总体趋势一致,离散程度较小,5 个不同骨料分布的水工混凝土试件模拟得到抗拉强度分别为 2.92 MPa、2.93 MPa、2.87 MPa、2.90 MPa、2.94 MPa,说明骨料随机分布对水工混凝土的抗拉强度影响很小,同时也验证了本章建立的数值模型的稳定性。

由图 5.19 可知,在水工混凝土试件受拉破坏过程中,大骨料附近的 ITZ 单元由于应力集中最先被拉伸失效产生微裂纹,随着荷载继续增加,裂纹沿着骨料边缘扩展且逐渐延伸进入砂浆内部,最终演化成贯穿整个水工混凝土试件的宏观裂缝。由于大骨料附近的 ITZ 面积较大,薄弱区域较多,最终形成的裂缝大多经过大骨料边界,从一个多边形大骨料的尖端处出现到另一个多边形大骨料的尖端处结束。随着大骨料空间位置分布的不同,水工混凝土试件受拉均产生一条主要裂缝,但裂缝的空间位置有所差异,表明骨料分布对水工混凝土的破坏模式影响较大,不同骨料分布的混凝土试件断裂模式往往不同;综上所述,在单轴拉伸荷载条件下,骨料的随机分布对水工混凝土试件的宏观力学特性影响较小,但水工混凝土的破坏模式受大骨料的位置分布影响较大,断裂截面大多经过大骨料边界。

5.4.4.3　界面过渡区抗拉强度的影响

由前述分析可知,界面过渡区由于力学性能较弱,是水工混凝土破坏过程中的薄弱环节,会最先产生微裂纹并逐渐扩展到整个试件中,界面过渡区的力学参数尤其是抗拉强度对水工混凝土在单轴拉伸荷载下的宏观力学响应有着重要的影响。因此,本节在其他力学参数不变的前提下,改变界面过渡区的抗拉强度这一力学参数(分别取为原抗拉强度的 0.9、0.8、0.7 及 0.6倍,用 r 表示比值)来探讨界面过渡区 ITZ 抗拉强度的相对变化对水工混凝土的宏观力学性能以及破坏模式的影响。图 5.20 给出了界面过渡区取不同抗拉强度条件下试件的应力-应变曲线;图 5.21 给出了不同界面过渡区抗拉强度条件下试件的断裂模式。

由图 5.20 可知,ITZ 的抗拉强度对水工混凝土宏观力学性能影响较为显著。随着 ITZ 抗拉强度的降低,水工混凝土的宏观应力-应变曲线应力峰值点逐渐下移,水工混凝土试件整体抗拉强度降低,ITZ 作为混凝土中的“最弱区域”,其抗拉强度在一定程度上决定了整体混凝土试件的抗拉性能。由图5.21 可以看出,ITZ 抗拉强度对水工混凝土的断裂模式也有着明显的影响,随着 ITZ 抗拉强度变化,水工混凝土试件开裂路径有所变化。总体而言,ITZ的抗拉强度对水工混凝土的宏观力学性能与破坏模式都有很大影响。

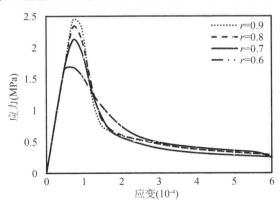

图 5.20　界面过渡区取不同抗拉强度条件下的应力-应变曲线

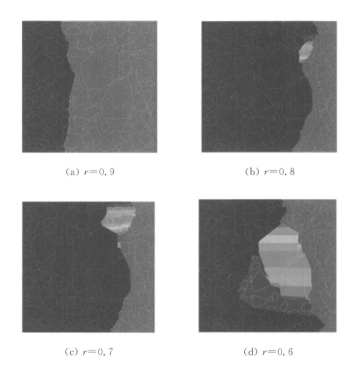

(a) $r=0.9$ (b) $r=0.8$

(c) $r=0.7$ (d) $r=0.6$

图 5.21   界面过渡区抗拉强度对试件断裂模式的影响

5.5   本章小结

本章将水工混凝土的细观结构简化为由骨料、砂浆和二者之间的界面过渡区(ITZ)三部分组成,通过 MATLAB 软件编制了相关程序,对凸多边形骨料的形状进行了模拟,基于随机骨料模型对水工混凝土细观结构进行了模拟,在此基础之上,基于商用有限元软件 ABAQUS 建立水工混凝土细观数值模型并通过算例验证了数值模型的正确性,为后续分析奠定了基础。所做的主要工作如下。

(1)介绍了水工混凝土常用的级配曲线理论以及 Walraven 空间骨料含量与平面骨料含量的转化公式,并基于该公式确定了水工混凝土的平面骨料含量。

(2)采用 MATLAB 编制了模拟水工混凝土骨料形状的 Aggregate.m 子程序与生成混凝土细观结构的 CMSS.m 主程序,模拟了骨料形状以及骨料在空间分布的随机性,建立了接近实际情况的水工混凝土细观结构。

（3）基于 Python 编程语言与 ABAQUS 软件开发了一个网格生成器,对水工混凝土细观结构进行网格剖分,识别不同细观组成并建立各自的单元集合用以赋予材料参数,建立边界节点集合用以设置约束和荷载,从而建立水工混凝土细观数值模型。

（4）水工混凝土在单轴拉伸荷载作用下,裂缝最先起始于 ITZ 单元中,后逐渐发展形成一条主要的宏观裂缝,随着骨料分布的改变,水工混凝土受拉产生的裂缝分布有所差异,断裂模式不相同,但宏观力学特性基本保持不变;而界面过渡区抗拉强度对水工混凝土的宏观力学特性与断裂模式都有着显著的影响。

参考文献

［1］王海涛,范文晓,刘天云. 水工大骨料混凝土研究综述［C］. 中国水力发电工程学会,湖北宜昌,2015:9-14.

［2］赵杨. 多尺度混凝土结构细观数值模拟［D］. 长沙:湖南大学,2019.

［3］国家能源局. 水工混凝土配合比设计规程:DL/T 5330—2015［S］. 北京:中国电力出版社,2015.

［4］高巧红,关振群,顾元宪,等. 混凝土骨料有限元模型自动生成方法［J］. 大连理工大学学报,2006(5):641-646.

［5］WANG Z M, KWAN A K H, CHAN H C. Mesoscopic study of concrete I: generation of random aggregate structure and finite element mesh［J］. Computers & structures, 1999, 70(5): 533-544.

［6］黄宇劼. 基于 XCT 图像和比例边界有限元法的混凝土细观断裂模拟［D］. 杭州:浙江大学,2017.

［7］SONG Z, LU Y. Mesoscopic analysis of concrete under excessively high strain rate compression and implications on interpretation of test data［J］. International Journal of Impact Engineering, 2012, 46: 41-55.

［8］金永苗,徐磊,陈在铁,等. 界面过渡区力学特性对水工混凝土断裂性能的影响［J］. 三峡大学学报(自然科学版),2019,41(3):1-5.

第6章
混凝土三维随机骨料模型

  细观随机骨料模型在混凝土计算材料学中正得到越来越广泛的应用,基于该模型可以实现在细观尺度上分析混凝土的复杂行为和性能,如损伤断裂[1-2]、水分运移[3]、氯离子扩散[4]、碱骨料反应[5]等。在细观尺度上,一般将混凝土视为由(粗)骨料、砂浆以及两者之间的界面过渡区组成的复合材料[6]。由于随机分布在砂浆基体中的骨料具有不同的粒径、形状、级配和含量,使得混凝土具有复杂的细观(随机)结构。因此,自 Wittmann 等[7] 在 20 世纪 80年代中期开创了"数值混凝土"这一研究领域以来,建立符合实际的混凝土细观随机骨料模型就一直是该领域的研究热点[8],而真实模拟混凝土的复杂三维细观结构则是其主要任务之一。

  由于计算资源的限制和三维问题的复杂性,早期研究主要集中于混凝土切面二维细观结构模拟[9]。但由于混凝土细观结构在本质上是三维的,故自Wriggers 等[10] 提出球形骨料混凝土三维细观结构模拟方法以来,相关研究逐渐聚焦于三维问题。

  现阶段,由 Wang 等[11] 提出的先生成随机骨料后进行骨料投放的随机取放法(Take-and-Place Method,TPM)仍是生成混凝土细观结构的基本方法。与基骨料生长法[12]、基于图形学的分割收缩法[13] 以及骨料温升膨胀法[14] 等相比,随机取放法具有便于控制骨料形状和级配的优点。但在基于传统随机取放法生成混凝土三维细观结构时,存在效率和所能达到的最大骨料体积含量低的缺点[15]。为此,在传统随机取放法的基础上,李运成等[16] 采用"被占区域剔除法(Occupation and Removal Method,ORM)"以提高混凝土三维细观结构的生成效率；唐欣薇等[17]提出了随机骨料投放的"分层摆放法"，避免了骨料间复杂的"侵入"判断，但由于分层摆放会形成空隙，难以达到较高的骨料含量[18]；方秦等[19]通过允许骨料随机旋转和空间有限平移提高了投放成功率，但仅分析了该方法在低骨料体积含量（不超过 35%）时的有效性；Sheng 等[20]采用在扩大空间内完成骨料投放后再模拟骨料自由降落的方法，实现了骨料体积含量为 52.08% 的三维细观结构生成；Zhou 等[21]的研究表明，采用传统随机取放法进行多面体骨料三维细观建模时，在可接受耗时内所能达到的最大骨料体积含量很难超过 40%，为此，提出在完成网格剖分后将部分砂浆单元聚集体作为补充骨料；Zhang 等[22]采用允许已投骨料随机移动的方法，实现了骨料体积含量为 45% 的三维细观结构生成；Ma 等[23]通过模拟已投骨料在砂浆中的沉降为后续骨料投放创造空间，生成了骨料体积含量为 55.15% 的三维细观结构。Ma 等[24]综合运用随机取放法、基骨料生长法及 ORM 法，实现了高骨料含量混凝土细观结构的生成。

全级配（四级配）混凝土被广泛应用于以混凝土坝为代表的大体积混凝土结构。与普通混凝土相比，其骨料粒径更大（最大骨料粒径可达 150 mm）、骨料体积含量更高（60%~70%），试件体积更大（立方试件不小于 450 mm×450 mm×450 mm）。因此，建立全级配混凝土随机骨料模型对三维细观结构的生成效率和所能达到的最大骨料体积含量提出了更高要求。

本章提出了一种高骨料含量全级配混凝土三维细观结构高效生成方法，通过在骨料投放前从分级骨料库中快速选取全部所需骨料，避免了在三维细观结构生成过程中耗时生成骨料；通过在连续投放域内构建具有空间结构的多重点云并动态更新点云状态，减少了成功投放单个骨料所需的尝试次数；基于多重点云的空间结构，实现了点云状态的快速更新和当前投放骨料邻近已投骨料的快速确定，大幅提高了骨料投放效率；提出骨料分级聚合技术，弥补了少量骨料投放失败造成的骨料体积损失。基于上述方法，研发了全级配混凝土三维细观结构自动生成软件（AutoGMC3D）。实例以及与其他方法的对比表明，采用本章方法可高效生成骨料体积含量 60% 以上的全级配混凝土三维细观结构，为建立符合实际的全级配混凝土细观随机骨料模型奠定了基础。

6.1　骨料级配与单个骨料生成

在混凝土配合比设计中，通常采用级配曲线来描述骨料的粒径分布，其中应用最为广泛的是由 Fuller 等[25]提出的最大密实度理想级配曲线（富勒曲线），其数学表达式如下：

$$p(d) = 100 \left(\frac{d}{d_{\max}} \right)^n \tag{6.1}$$

式中：d 为骨料粒径；$d_{\max}$ 为最大骨料粒径；$p(d)$ 为粒径不超过 d 的骨料累计质量百分数；n 为富勒曲线的参数，其范围为 $0.45 \sim 0.7$，一般取 0.5。对于体积为 V_c 的混凝土，可依据式(6.1)计算出某一粒径范围 $[d_s, d_{s+1}]$ 内的骨料体积 $V_a[d_s, d_{s+1}]$，如下式所示：

$$V_a[d_s, d_{s+1}] = \frac{V_c w_a}{\rho_a} [P(d_{s+1}) - P(d_s)] \tag{6.2}$$

式中：w_a 为单位体积混凝土中的骨料质量；ρ_a 为骨料表观密度。

在全级配混凝土配合比设计中，一般是根据粒径将骨料分为细骨料（砂，粒径小于 5 mm 的骨料）和粗骨料（石，粒径大于 5 mm 的骨料）两类，并定义细骨料质量与骨料总质量之比为砂率，再将粗骨料划分为四个粒级，即特大石（80～150 mm）、大石（40～80 mm）、中石（20～40 mm）和小石（5～20 mm）。表 6.1 列出了小湾[26]、溪洛渡[27]、乌东德[28]、锦屏一级[29]、拉西瓦[30]、二滩[31]、山口[32]等混凝土坝工程的全级配混凝土设计级配及粗骨料体积含量（表观密度取为 2 700 kg/m³），图 6.1 对比了表 6.1 中的各实际工程级配与理想级配（n 取为 0.5），可以看出，各实际工程级配与理想级配基本一致。在混凝土细观分析中，细骨料与水泥浆一般被等效为水泥砂浆，故在全级配混凝土三维细观结构生成中仅涉及不同粒级的粗骨料。

人工碎石是全级配混凝土粗骨料的主要来源，可用随机生成的凸多面体近似模拟[16]。具体而言，在某粒级粒径范围内随机确定骨料粒径 d 后，首先形成一个直径为 d 的球，然后在球面上随机选取一组数量为 M 的离散点[见图 6.2(a)]。以球心为坐标原点，则第 i 个离散点在笛卡尔坐标系中的坐标 (x_i, y_i, z_i) 可用其球坐标表示为

$$\begin{cases} x_i = d\sin\theta_i\cos\varphi_i \\ y_i = d\sin\theta_i\sin\varphi_i \quad (i = 1, 2, \cdots, M) \\ z_i = d\cos\theta_i \end{cases} \tag{6.3}$$

式中：θ_i、φ_i 分别为第 i 个离散点在球坐标系中的极角、方位角，取值范围为

$\theta_i \in [0, \pi]$，$\varphi_i \in [0, 2\pi]$。

通过计算上述球面离散点集的凸包[33]，便可构造出一个以球面离散点为顶点的最小凸多面体[见图 6.2(b)]，该凸多面体内接于球面，可用于模拟形态相对规则的碎石骨料。为模拟形态更加不规则的骨料，可引入形态随机变换因子 S 对内接球面骨料的顶点坐标进行调整：

$$\begin{cases} x'_i = x_i \times S \\ y'_i = y_i / \sqrt{S} \quad (i = 1, 2, \cdots, M) \\ z'_i = z_i / \sqrt{S} \end{cases} \tag{6.4}$$

式中：(x'_i, y'_i, z'_i) 为调整后的骨料顶点坐标；当 $S < 1$ 时，可生成扁平骨料，而当 $S > 1$ 时，则可生成细长骨料，如图 6.2(c)、图 6.2(d)所示。

表 6.1　实际工程全级配混凝土级配设计[26-32]

工程名称	每立方米混凝土骨料用量（kg）					粗骨料级配 特大石:大石:中石:小石	粗骨料体积含量（%）
	特大石	大石	中石	小石	砂		
小湾	507	507	338	338	524	30:30:20:20	62.59
溪洛渡	472	623	378	415	485	25:33:20:22	69.93
乌东德	522	522	348	348	574	30:30:20:20	64.44
锦屏一级	601	429	344	344	477	35:25:20:20	63.63
拉西瓦	496	495	330	330	550	30:30:20:20	61.15
二滩	558	398	318	318	531	35:25:20:20	58.96
山口	498	498	332	332	570	30:30:20:20	61.48

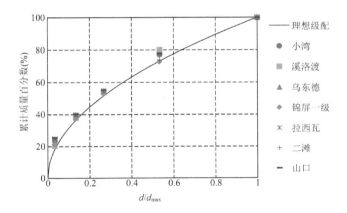

图 6.1　全级配混凝土实际工程级配与理想级配对比

（a）球面离散点　　（b）内接球面骨料　　（c）扁平骨料（$S=0.5$）　　（d）细长骨料（$S=1.5$）

图 6.2　随机多面体骨料生成

6.2　传统随机取放法及其效率分析

图 6.3 给出了传统随机取放法[11]的实施流程，主要涉及骨料生成和骨料投放两个环节，且骨料生成与投放是逐个进行的。成功投放一个骨料通常需要在试件（投放域）内随机选取骨料参考点（即为生成该骨料所形成的球的球心）位置进行多次尝试才能实现。对于每次尝试，均需进行计算量密集的可投性判断，即通过大量计算判断随机选择的骨料参考点位置是否能满足当前投放骨料完全位于投放域内以及与已投骨料间无"侵入"等约束条件[1]。

采用传统随机取放法，在配置 Intel®Core™i9-9900 CPU@3.10GHz 处理器、64GB 内存的计算机上，开展了不同骨料体积含量（30％、35％、40％、45％）下全级配混凝土立方试件（450 mm×450 mm×450 mm）三维细观结构生成，骨料级配为特大石：大石：中石：小石＝35：25：20：20。表 6.2 列出了不同骨料体积含量下试件内的各粒级骨料数量及骨料总数量，图 6.4 给出了不同骨料体积含量下的总耗时与各粒级耗时，图 6.5 对比了投放各粒级骨料的平均尝试次数。

表 6.2　各粒级骨料数量

骨料体积含量（％）	各粒级骨料数量（个）				骨料总数量（个）
	特大石	大石	中石	小石	
30	24	111	728	8 387	9 250
35	29	127	855	9 712	10 723
40	33	147	951	11 145	12 276
45	37	169	1 071	12 564	13 841

从图 6.4、图 6.5 可知：（1）耗时随骨料体积含量的提高快速增加，35％、40％、45％含量下耗时分别约为 30％含量下的 1.8 倍、5.9 倍、42.5 倍；（2）不

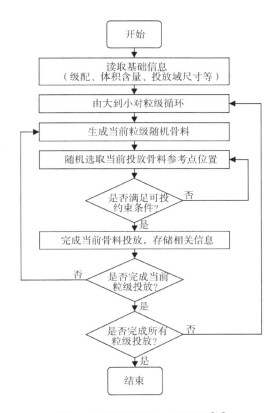

图 6.3　随机取放法实施流程[34]

同粒级耗时差异巨大,小石粒级耗时占比超过 90%,且骨料体积含量越高,占比越大(45% 含量下小石粒级耗时占比达 97.9%);(3) 投放各粒级单个骨料的平均尝试次数均随含量的提高逐渐增多。导致上述现象的主要原因是:(1) 随机取放法的骨料参考点位置是在连续投放域内随机选取的,随着投放域内已投骨料的逐渐增多,可投空间越来越小,成功投放骨料所需的尝试次数越来越多;(2) 投放骨料的每次尝试均需遍历全部已投骨料以判断其是否满足无"侵入"约束条件,随着投放域内已投骨料的逐渐增多,每次尝试的计算量会越来越大。此外,在传统随机取放法的实际应用中,为了避免投放单个骨料耗时过长,需对骨料投放尝试次数进行限制,这是导致采用该方法所能达到的最大骨料含量较低的主要原因。

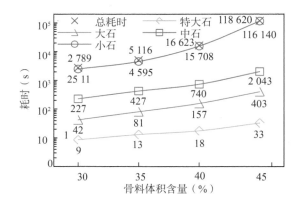

图 6.4 不同骨料体积含量下总耗时与各粒级耗时

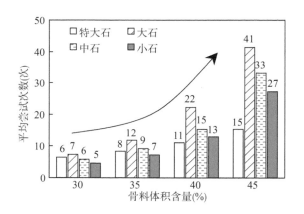

图 6.5 不同体积含量下各粒级骨料投放平均尝试次数

6.3 三维细观结构高效生成方法

为实现高骨料含量全级配混凝土三维细观结构的高效生成,本章提出一种基于多重点云与分级聚合的全级配混凝土三维细观结构生成新方法(Multilevel Point Cloud and multi-clustering Method,MPCM),详述如下。

6.3.1 基于分级骨料库的骨料选取

如 6.2 节所述,采用随机取放法时,不仅需要投放骨料,也需要耗时生成骨料[11]。由于在全级配混凝土三维细观结构生成中,涉及数量众多的骨料,故为了提高效率,模拟混凝土生产系统中的成品料堆,建立全级配混凝土分级骨料库,以在骨料投放前完成全部所需骨料的快速选取。为保证骨料随机性,各粒级骨料库中的骨料总数应远大于被选取的骨料数量。在所建立的分级骨料库中,特大石、大石、中石和小石数量分别取为 1 000、5 000、10 000 和100 000。

在投放骨料前,首先依据试件体积、骨料目标体积含量与设计级配,确定各粒级骨料的目标体积;然后从特大石粒级开始,逐级在相应的骨料库中连续随机选取骨料,并计算所选骨料的累计体积,由于所选骨料累计体积并非连续变化,故难以使其与目标体积精确相等,因此,为使得所生成全级配混凝土三维细观结构的实际级配尽可能接近于设计级配,提出用于判断各粒级骨料选取是否完成的准则,如下式所示:

$$V_{\text{obj}}^* - V_{\text{sum}}^* < \frac{1}{6}\pi (d_{\min}^*)^3 \tag{6.5}$$

式中：V_{obj}^* 为某粒级骨料的目标体积；V_{sum}^* 为该粒级已选骨料的累计体积；$d_{\min}^*$ 为该粒级骨料的最小粒径。当 V_{obj}^* 与 V_{sum}^* 之差小于以该粒级最小骨料粒径 $d_{\min}^*$ 为直径的球体体积时,即完成该粒级骨料的选取,并将差值计入下一粒级骨料的目标体积中,以保证所生成全级配混凝土三维细观结构的实际骨料含量与目标体积含量保持一致。在完成所有粒级的骨料选取后,应按粒径从大到小的顺序对骨料进行排序,以满足后续由大及小投放骨料的需要。

6.3.2　多重点云及其空间结构

为减少投放单个骨料的尝试次数和每次尝试的计算量,提高投放效率,在投放域内构建具有空间结构的多重点云。每重点云对应一个骨料粒级,由布置在投放域内的若干离散点构成,相邻离散点的距离(离散点距)应与对应粒级的骨料粒径相适应(粒径越大,离散点距越大),且不大于对应粒级的最小骨料粒径。

对于全级配混凝土,需构建四重点云,第一重至第四重点云对应的粒级分别为特大石、大石、中石和小石。为便于形成多重点云的空间结构,并考虑到全级配混凝土各粒级最小骨料粒径的倍数关系,给出如下离散点距递推公式:

$$D_{i+1} = \frac{D_i}{2}(i = 1, 2, 3) \tag{6.6}$$

式中：D_i 为第 i 重点云的离散点距。为适应不同尺寸的试件并满足第四重点云的离散点距不大于小石粒级最小骨料粒径（5 mm）的要求，按下式确定第一重点云的离散点距 D_1：

$$D_1 = L/\lceil L/40 \rceil \tag{6.7}$$

式中：L 为试件尺寸（mm）；$\lceil x \rceil$ 表示对 x 向上取整。当 L 可被 40 整除时，第一重至第四重点云的离散点距分别为 40 mm、20 mm、10 mm 和 5 mm，满足各重离散点距与对应粒级骨料粒径相适应且不大于对应粒级最小骨料粒径的要求；当 L 不可被 40 整除时，通过对 $L/40$ 向上取整，可使第一重至第四重点云的离散点距分别略小于 40 mm、20 mm、10 mm 和 5 mm，从而满足前述对于各重离散点距的要求。以尺寸为 450 mm 的全级配混凝土立方试件为例，依据式（6.7）和式（6.6），其第一重至第四重离散点距分别为 37.5 mm、18.75 mm、9.375 mm 和 4.687 5 mm。

以混凝土细观分析通常采用的正立方体试件（尺寸为 L）为例，阐明具有空间结构的多重点云建立步骤。（1）首先将投放域均匀划分为 N_1 个尺寸为 $D_1 \times D_1 \times D_1$ 的第一重单元域，各单元域的中心点即为第一重点云的离散点，如图 6.6（a）所示；（2）为形成第二重点云，对于第一重点云中的任一离散点，均将其所在的第一重单元域均匀划分为 8 个子域（第二重单元域），各子域中心点即为与该离散点关联的第二重点云的离散点，如图 6.6（b）所示；（3）按照上述方法，即可基于上一重点云形成下一重点云，并建立各重点云之间的关联，从而在投放域内构建出具有空间结构的多重点云，图 6.6（c）给出了第一重单元域内的各重离散点分布。

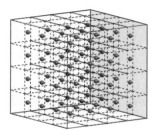

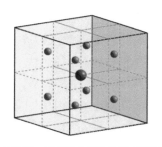

（a）第一重点云　　　　　　（b）与某第一重离散点关联的第二重离散点

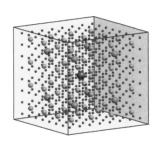

（c）第一重单元域内的各重离散点

● 第一重离散点　● 第二重离散点　● 第三重离散点　● 第四重离散点

图 6.6　多重点云构建及其空间结构

在三维细观结构生成过程中，多重点云中的离散点可能处于三种不同的状态，分别为自由态、占用态（被已投骨料参考点占用）和覆盖态（被已投骨料覆盖），引入如式（6.8）所示状态函数对此进行描述。

$$M_i^j = \begin{cases} 0,\text{自由态} \\ 1,\text{占用态} \\ 2,\text{覆盖态} \end{cases} \quad (i=1,2,3,4;j=1,2,\cdots,N_i) \quad (6.8)$$

式中：M_i^j 为第 i 重点云中第 j 个离散点的状态函数；N_i 为第 i 重点云中的离散点数量。

6.3.3　基于多重点云的骨料投放

为生成三维细观结构，需由大及小地在投放域中逐个投放骨料。骨料投放基于多重点云进行，即对于某一粒级的某个骨料，通过随机选取该重点云中的自由态离散点作为该骨料参考点位置并进行可投性判断，如果失败，则选取该重点云中的其他自由态离散点再次尝试，反之，则将该离散点状态标记为占用态，并记录投放在该离散点上的骨料序号和更新多重点云状态（即多重点云中离散点的状态）。

对于特大石骨料、大石骨料及中石骨料，如果遍历其所在粒级的自由态离散点均无法成功投放，则放弃该骨料投放。而对于数量占比大（见表 6.2）但体积占比仅 20% 左右的小石骨料，考虑到其在全级配混凝土细观结构中不占主导地位，故为避免因投放小石骨料尝试次数过多而导致全级配混凝土三维细观结构生成效率大幅降低,对投放单个小石骨料的最大允许尝试次数进行限制(本章取为 1 000)。对于尝试次数达到其最大允许值时仍未成功投放的小石骨料,放弃对其进行投放。

与传统随机取放法相比,在自由态离散点中随机选取骨料参考点位置的优点在于既可保证其位于已投骨料边界以外,又在很大程度上降低了当前投放骨料与已投骨料尤其是同一粒级已投骨料发生"侵入"的可能性,从而可减少尝试次数。

在成功投放某一骨料后,需更新其所在粒级与尚未进行骨料投放粒级的点云状态,若通过遍历上述粒级点云中所有处于自由态的离散点并计算判断其是否被该骨料覆盖来实施点云状态更新,耗时势必很长。为此,提出一种基于多重点云空间结构的点云状态快速更新方法。具体而言,在通过占用第 i 重点云中第 j 个离散点 P_i^j 成功投放某骨料后,依据该骨料所在粒级的最大骨料粒径 $d_{\max}^i$ 直接确定第 i 重点云中位于 P_i^j 周围的可能被该骨料覆盖的离散点集 P_i^*,该集合中的离散点数量 $|P_i^*|$ 可按下式计算:

$$|P_i^*| = (d_{\max}^i / D_i)^3 - 1 \tag{6.9}$$

进一步地,基于多重点云的空间结构,可在尚未进行骨料投放粒级的各重点云中,直接确定与 P_i^j 关联的离散点集。由于与离散点总数相比,被筛选出的需要通过计算判断其是否被骨料"覆盖"的离散点数量大幅减小,故可实现点云状态的快速更新,如图 6.7 所示。

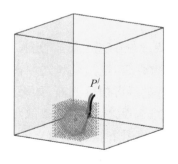 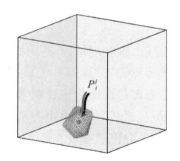

(a) 骨料与可能被其覆盖的离散点   (b) 骨料与被其覆盖的离散点

● 被骨料参考点占用的离散点 ● 可能被骨料覆盖的离散点 ● 被骨料覆盖的离散点

图 6.7 点云状态的快速更新

另一方面,虽然基于多重点云的骨料参考点位置随机选取已在很大程度上减少了尝试次数,但随着前期已投骨料数量的逐渐增多,后期投放骨料通常仍需多次尝试。因此,为提高投放效率,应尽量减小单次尝试所需的计算量。由于每次尝试所涉及的计算量主要用于判断当前投放骨料是否会"侵入"已投骨料,而大多数已投骨料与当前投放骨料相距较远,不存在被当前投放骨料"侵入"的可能,故提出基于多重点云的空间结构直接确定当前投放骨料的邻近已投骨料,从而避免在"侵入"判断中遍历全部已投骨料。具体思路是基于各粒级的最大骨料粒径和多重点云的空间结构,在第一重至当前投放骨料所在粒级点云中,由当前投放骨料参考点位置推求其周围一定范围内的若干个离散点[见图6.8(a)],这些离散点的共同特征在于其一旦被已投骨料占用,则这些已投骨料就存在被当前投放骨料"侵入"的可能;在此基础上,即可通过读取记录在上述离散点中处于占用态的离散点上的骨料序号直接确定当前投放骨料的邻近已投骨料,如图6.8(b)、图6.8(c)所示。

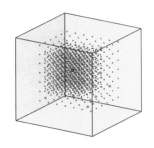

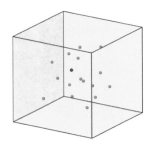

（a）尝试投放离散点及其邻近离散点　　　（b）尝试投放离散点及其邻近占用态离散点

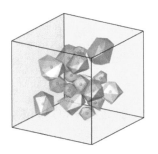

（c）当前投放骨料及其邻近骨料

●当前投放骨料尝试投放离散点 ● 尝试投放离散点的邻近离散点 ● 邻近占用态离散点

图6.8　邻近骨料的直接确定

6.3.4 骨料分级聚合

由于全级配混凝土的骨料体积含量高,故可能出现少量骨料投放失败的现象,这会导致实际投放的骨料体积小于目标值和骨料级配的偏离。为此,提出骨料分级聚合技术以弥补各粒级中少量骨料投放失败造成的骨料体积损失。基本思想是在某一粒级骨料投放完成后、下一粒级骨料投放开始前,将各粒级中未能成功投放的骨料"聚合"到该粒级已投骨料中,即通过增大粒径的方式来增加已投骨料的体积,以抵消该粒级少量骨料未能成功投放造成的体积损失。为尽可能减小骨料"聚合"前后的粒径差异,采用小幅等比例膨胀方法进行"聚合",即对该粒级所有已投骨料粒径采用相同的粒径扩大系数 C_e。图 6.9 示意了骨料聚合过程。

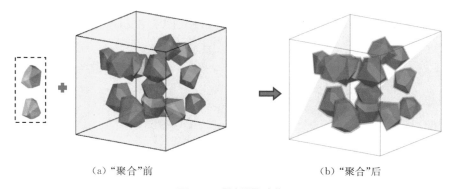

（a）"聚合"前 　　　　　　　　　　　　　（b）"聚合"后

图 6.9 骨料"聚合"

假定某一粒级骨料投放完成后,该粒级中未能成功投放骨料的累计体积为 V_F,已投骨料的累计体积为 V_S,则基于上述小幅等比例膨胀方法,该粒级已投骨料的粒径扩大系数 C_e 可按下式计算:

$$C_e = \sqrt[3]{(V_S + V_F)/V_S} \tag{6.10}$$

需要说明的是,虽然在"聚合"过程中,骨料粒径增大幅度一般很小,但仍存在"聚合"后骨料粒径超过该粒级最大骨料粒径、超出投放域或"侵入"其他骨料的可能性。因此,对于某一粒级的骨料聚合,应按粒径大小遍历该粒级成功投放骨料,由大及小地逐一进行"聚合",并判断"聚合"后的骨料是否会导致上述现象,如果是,则放弃该骨料的"聚合",反之,则更新该骨料信息。在一次骨料"聚合"未能完全弥补骨料体积损失的情况下,可重复进行骨料"聚合"。

6.3.5　生成实例与效率分析

基于上述方法,在 MATLAB 平台上研发了全级配混凝土三维细观结构自动生成软件 AutoGMC3D,软件流程见图 6.10。

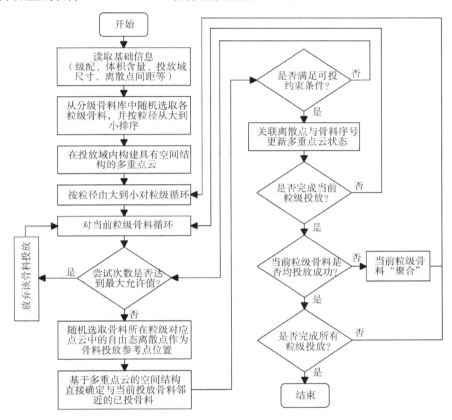

图 6.10　基于多重点云与分级聚合的全级配混凝土三维细观结构自动生成流程

以某工程大坝混凝土[29]为实例,采用 AutoGMC3D 随机生成了一个全级配混凝土立方试件(450 mm×450 mm×450 mm)的三维细观结构。骨料设计体积含量为 63.63%,设计级配为特大石:大石:中石:小石＝35：25：20：20。第一重至第四重点云的点距分别为 37.5 mm、18.75 mm、9.375 mm 和 4.687 5 mm。图 6.11 给出了三维细观结构中各粒级骨料投放体积与"聚合"体积占骨料总体积的百分数,可以看出,除了特大石骨料,其他粒级骨料在投放过程中均出现了少量骨料未能成功投放的现象,且粒级的粒径越小,未能

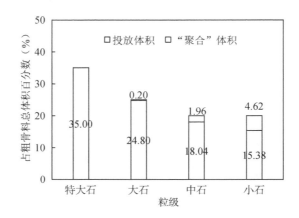

图 6.11　各粒级投放体积与"聚合"体积占骨料总体积百分数

成功投放骨料的占比越高,但经骨料"聚合",各粒级骨料均达到了目标体积含量,成功生成了高骨料含量全级配混凝土三维细观结构。图 6.12 为各粒级骨料投放和"聚合"后的骨料空间分布。

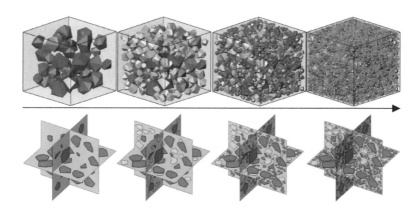

图 6.12　某大坝混凝土三维细观结构生成实例

6.4　计算结果与分析

6.4.1　网格划分与计算参数

分别基于细观结构Ⅰ、Ⅱ和Ⅲ建立了三个数值试件(试件Ⅰ、Ⅱ和Ⅲ)。上述试件的最终网格分两步生成,首先利用 ABAQUS 强大的预处理模块,生

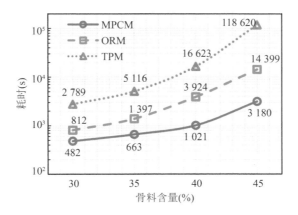

图 6.13　不同骨料体积含量下效率对比

成由四面体单元组成的初始有限元网格(仅包含骨料和砂浆),然后在相应的骨料单元和砂浆单元之间插入六节点薄层单元(ITZ 单元),可将 ITZ 单元厚度设置为 50 μm[35,36]。关于更详细的网格划分过程可在相关文献[37,38]中找到。以试件 I 为例,其有限元网格剖分如图 6.14 所示,其中包含 894 553 个骨料单元,1 407 799 个砂浆单元和 375 598 个 ITZ 单元。

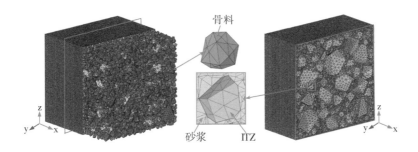

图 6.14　有限元网格剖分实例(试件 I)

为研究全级配混凝土在单轴拉伸作用下的损伤开裂行为,对上述三个具有不同骨料分布的数值试件 I、II 和 III 开展单轴拉伸模拟。其中,混凝土塑性损伤(CDP)模型[39,40]被用于模拟砂浆和 ITZ 的力学行为,而将骨料视为线弹性材料。算例中采用的细观力学参数列于表 6.3,包括骨料的弹性模量和泊松比,以及砂浆和 ITZ 的 CDP 本构参数。作为混凝土中最薄弱的区域,ITZ 控制着混凝土损伤开裂行为。然而,ITZ 力学参数难以通过试验手段测得,通常认为 ITZ 的力学性能与水泥砂浆的类似,但参数取值小于砂浆,可通过设置一个比例常数来表征 ITZ 与砂浆的力学参数关系。该比例常数在之前相关研究中一般取为 0.5~0.9[41],在此次模拟中,类似 Huang 等[42]的工作将 ITZ 的抗压强度、抗拉强度和弹性模量设定为砂浆的 75%。

表 6.3　细观力学参数

材料	弹性模量 E_0(GPa)	泊松比(—)	抗拉强度 f_t(MPa)	抗压强度 f_c(MPa)	断裂能 G_f(N/m)
骨料	50	0.2	—	—	—
砂浆	20	0.2	2.0	21.6	156
ITZ	15	0.2	1.5	16.2	117

在所有试件底面垂直方向上设置约束,采用位移加载方式在顶面垂直方向施加大小为 0.18 mm 的均匀分布位移。采用 ABAQUS/Explicit 求解器对试件损伤开裂全过程进行模拟,为实现准静态模拟,将加载时间设定为 0.036 s,对应加载速率为 5 mm/s。

6.4.2　拉伸破坏过程

图 6.15 给出了三个试件的宏观应力-应变响应。结果表明,每个试件在峰前段的力学响应可近似视为线弹性;而在应力峰值点之后,从每条曲线上均可观察到应力随着应变的增加而迅速下降,这是由于细观尺度上的损伤发展造成的。此外,三条应力-应变曲线在峰后(软化)段呈现出比峰前段更大的离散性。由此表明,与弹性行为相比,细观结构随机性对全级配混凝土损伤开裂行为的影响更加明显。

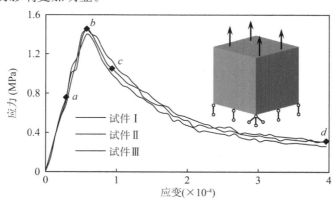

图 6.15　单轴拉伸应力-应变曲线

图 6.16 展示了试件 I 在不同加载时刻的损伤分布剖视图,每个子图分别对应于图 6.15 所示的应力-应变曲线上的标识点(a、b、c、d)。可以看出,尽管宏观力学响应停留在峰前段,但由于 ITZ 强度较低,损伤已在 ITZ 区域产生[图 6.16(a)];随着加载的进行,损伤在 ITZ 中进一步发展并扩展至受损 ITZ 附近的砂浆中;在峰值应力点处,某些大骨料周围的损伤区已开始聚合[图 6.16(b)],标志损伤局部化开始;而在软化阶段早期,由于分散式损伤区的发展和聚合,形成了一条主导损伤带[图 6.16(c)];之后,随着加载的进行,主损伤带进一步发展,而其他区域的损伤因应力再分布而保持不变。最后,主损伤带完全贯通,导致试件拉伸断裂[图 6.16(d)]。

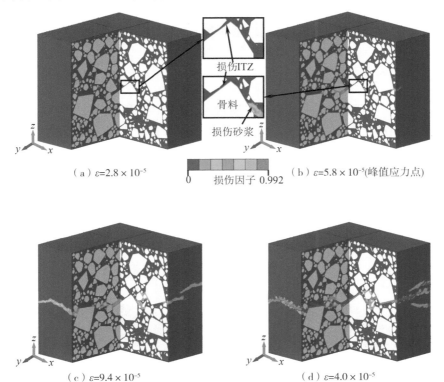

（a）$\varepsilon=2.8\times10^{-5}$　　　　0　损伤因子　0.992　　　　（b）$\varepsilon=5.8\times10^{-5}$(峰值应力点)

（c）$\varepsilon=9.4\times10^{-5}$　　　　　　　　　　（d）$\varepsilon=4.0\times10^{-5}$

图 6.16　试件 I 损伤分布剖视图

图 6.17(a)展示了不同加载阶段试样 I 的变形有限元模型(无损伤单元),其中采用的放大系数为 500。宏观裂纹模式细节如图 6.17(b)和(c)所示,观察发现在试件中部附近的宏观裂纹一般垂直于拉伸方向。可以发现,宏观裂

纹主要沿着骨料表面发展,导致其呈现曲折形态。对宏观纹形态进一步观察发现,大骨料(特别是特大石骨料)表面占据了大部分裂纹面,这实际上实现了损伤开裂过程中的最小能量耗散。因此,大骨料(特别是特大石骨料)几何形状和空间排列是宏观裂纹发展的主导因素。

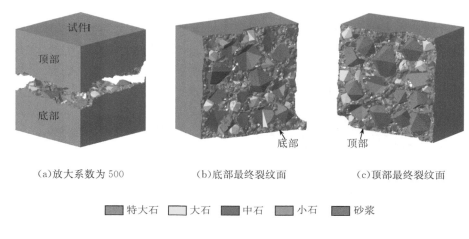

(a)放大系数为500　　　　(b)底部最终裂纹面　　　　(c)顶部最终裂纹面

▮特大石　▯大石　▮中石　▯小石　▮砂浆

图 6.17　试件Ⅰ宏观裂纹模式

试样Ⅱ和Ⅲ的数值模拟结果分别在图 6.18、图 6.19 中展示。从几何角度来看,试样Ⅰ、Ⅱ和Ⅲ的最终损伤分布和宏观裂纹模式是各不相同的。虽然存在上述差异,但三个试件所产生的宏观裂纹面具有相似形态特征,这种预期现象是由三个试样的不同细观结构造成的,验证了大骨料(特别是特大石骨料)空间分布在全级配混凝土拉伸断裂中发挥关键作用。

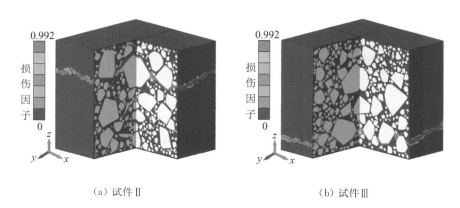

(a)试件Ⅱ　　　　　　　　　(b)试件Ⅲ

图 6.18　最终损伤剖视图

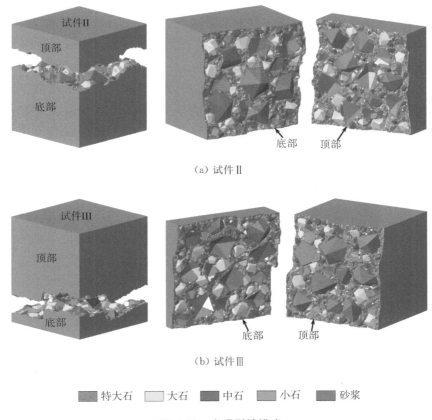

（a）试件Ⅱ

（b）试件Ⅲ

■ 特大石　□ 大石　■ 中石　■ 小石　■ 砂浆

图 6.19　宏观裂缝模式

6.5　本章小结

　　本章提出了一种新的全级配混凝土三维细观结构生成方法，并编制了全级配混凝土三维细观结构自动生成软件 AutoGMC3D。通过在投放域内形成具有空间结构的多重点云以及骨料分级聚合，可以实现骨料的高效投放和满足全级配混凝土高骨料含量的要求。基于多重点云与分级聚合的全级配混凝土三维细观结构高效生成方法的主要特点及优点是：(1) 模拟混凝土生产系统中的成品骨料库，建立分级骨料库，避免了在三维细观结构生成过程中耗时生成数量众多的骨料；(2) 利用与各粒级骨料粒径相适应的多重离散点云并动态更新点云状态，减少了投放骨料的尝试次数；(3) 基于多重点云的空间结构,直接确定当前投放骨料的邻近已投骨料并实现点云状态的快速更新,大幅提高了骨料投放效率;(4)将各粒级中未能成功投放的骨料"聚合"到该粒级成功投放的骨料中,实现了在不改变设计级配条件下生成高骨料体积含量的全级配混凝土三维细观结构。

利用所提方法生成三维数值细观试件,开展全级配混凝土单轴拉伸破坏过程模拟,算例以及与其他方法的对比分析表明,采用本章所提出的方法可高效生成骨料体积含量达 60% 以上的全级配混凝土三维细观结构,为开展全级配混凝土细观精细仿真奠定了基础。

参考文献

［1］ WANG X F, ZHANG M Z, JIVKOV A P. Computational technology for analysis of 3D meso-structure effects on damage and failure of concrete[J]. International Journal of Solids and Structures, 2016, 80: 310-333.

［2］ DU X L, JIN L, MA G W. Numerical simulation of dynamic tensile failure of concrete at meso-scale[J]. International Journal of Impact Engineering, 2014, 66(4): 5-17.

［3］ CAGGIANO A, SCHICCHI D S, MANKEL C, et al. A mesoscale approach for modeling capillary water absorption and transport phenomena in cementitious materials[J]. Computers & Structures, 2018, 200: 1-10.

［4］ TRAN T T, PHAM D T, VU M N, et al. Relation between water permeability and chloride diffusivity of concrete under compressive stress: Experimental investigation and mesoscale lattice modelling[J]. Construction and Building Materials, 2021, 267: 121164.

［5］ MOHAMMED A, GIOVANNI D L, GIANLUCA C. Modeling Time-Dependent Behavior of Concrete Affected by Alkali Silica Reaction in Variable Environmental Conditions[J]. Materials, 2017, 10(5): 471.

［6］ 任青文,殷亚娟,沈雷. 混凝土骨料随机分布的分形研究及其对破坏特性的影响[J]. 水利学报, 2020, 51(10): 1267-1277+1288.

［7］ WITTMANN F H, ROELFSTRA P E, SADOUKI H. Simulation and

analysis of composite structures[J]. Materials Scienceand Engineering, 1985, 68(2): 239-248.

[8] XU Y, CHEN S H. A method for modeling the damage behavior of concrete with a three-phase mesostructure[J]. Construction and Building Materials, 2016, 102: 26-38.

[9] 阮欣, 李越, 金泽人, 等. 混凝土二维细观骨料建模方法综述[J]. 同济大学学报(自然科学版), 2018, 46(5): 604-612.

[10] WRIGGERS P, MOFTAH S O. Mesoscale models for concrete: homogenisation and damage behaviour[J]. Finite Elements in Analysis and Design, 2006, 42(7): 623-636.

[11] WANG Z M, KWAN A K H, CHAN H C. Mesoscopic study of concrete I: generation of random aggregate structure and finite element mesh[J]. Computers & Structures, 1999, 70(5): 533-544.

[12] 杜成斌, 孙立国. 任意形状混凝土骨料的数值模拟及其应用[J]. 水利学报, 2006, 37(6): 662-667, 673.

[13] 张煜航, 陈青青, 张杰, 等. 混凝土三维细观模型的建模方法与力学特性分析[J]. 爆炸与冲击, 2019, 39(5): 110-117.

[14] ZHANG H, SHENG P Y, ZHANG J Z, et al. Realistic 3D modeling of concrete composites with randomly distributed aggregates by using aggregate expansion method[J]. Construction and Building Materials, 2019, 225: 927-940.

[15] 丁建新, 陈胜宏. 全级配混凝土细观力学网格划分的单元切割法与等效弹模的计算[J]. 武汉大学学报(工学版), 2017, 50(5): 641-647.

[16] 李运成, 马怀发, 陈厚群, 等. 混凝土随机凸多面体骨料模型生成及细观有限元剖分[J]. 水利学报, 2006, 37(5): 588-592.

[17] 唐欣薇, 张楚汉. 随机骨料投放的分层摆放法及有限元坐标的生成[J]. 清华大学学报(自然科学版), 2008, 48(12): 2048-2052.

[18] 秦川, 郭长青, 张楚汉. 基于背景网格的混凝土细观力学预处理方法[J]. 水利学报, 2011, 42(8): 941-948.

[19] 方秦, 张锦华, 还毅, 等. 全级配混凝土三维细观模型的建模方法研究[J]. 工程力学, 2013, 30(1): 14-21, 30.

[20] SHENG P Y, ZHANG J Z, JI Z, et al. An advanced 3D modeling

method for concrete-like particle-reinforced composites with high volume fraction of randomly distributed particles[J]. Composites Science and Technology，2016，134：26-35.

[21] ZHOU R X，SONG Z H，LU Y. 3D mesoscale finite element modelling of concrete[J]. Computers & Structures，2017，192：96-113.

[22] ZHANG Z H，SONG X G，LIU Y，et al. Three-dimensional mesoscale modelling of concrete composites by using random walking algorithm[J]. Composites Science and Technology，2017，149：235-245.

[23] MA H F，SONG L Z，XU W X. A novel numerical scheme for random parameterized convex aggregate models with a high-volume fraction of aggregates in concrete-like granular materials[J]. Computers & Structures，2018，209：57-64.

[24] MA H F，XU W X，LI Y C. Random aggregate model for mesoscopic structures and mechanical analysis of fully-graded concrete [J]. Computers & Structures，2016，177：103-113.

[25] FULLER W B，THOMPSON S E. The laws of proportioning concrete [J]. Transactions of the American Society of Civil Engineers，1907，59(2)：67-143.

[26] 谢建斌，唐芸，陈改新. 小湾水电站双曲拱坝混凝土性能研究[J]. 水力发电，2009，35(9)：38-41+60.

[27] 黄佳健. 溪洛渡大坝混凝土断裂性能[D]. 大连：大连理工大学，2019.

[28] 乔雨，杨宁，牟荣峰，等. 乌东德大坝低热水泥全级配混凝土强度性能试验研究[J]. 水利水电技术(中英文)，2021，52(1)：236-247.

[29] 唐天国，段绍辉，段云岭. 锦屏一级拱坝混凝土全级配与湿筛试验分析[J]. 人民黄河，2012，34(1)：111-112+119.

[30] 裴芙蓉，王焕. 拉西瓦水电站坝体混凝土配合比优化设计[J]. 水利水电施工，2011(5)：67-73.

[31] 杨成球，李光伟，周友耕，等. 二滩水电站全级配混凝土力学性能试验研究[J]. 水电站设计，1988(4)：35-44.

[32] 董芸，肖开涛，杨华全. 天然骨料拱坝全级配混凝土特性试验研究[J]. 混凝土，2013(8)：140-143+147.

［33］ DE BERG M，VAN KREVELD M，OVERMARS M，et al. Computational geometry［M］. Berlin：Springer，1997.

［34］ THILAKARATHNA P S M，BADUGE K S K，MENDIS P，et al. Mesoscale modelling of concrete - a review of geometry generation，placing algorithms，constitutive relations and applications［J］. Engineering Fracture Mechanics，2020，231：106974.

［35］ TIAN Y，TIAN Z S，JIN N G，et al. A multiphase numerical simulation of chloride ions diffusion in concrete using electron microprobe analysis for characterizing properties of ITZ［J］. Construction and Building Materials，2018，178：432-444.

［36］ ZHANG H Z，GAN Y D，XU Y D，et al. Experimentally informed fracture modelling of interfacial transition zone at micro-scale［J］. Cement and Concrete Composites，2019，104：103383.

［37］ LI X X，XU Y，CHEN S H. Computational homogenization of effective permeability in three-phase mesoscale concrete［J］. Construction and Building Materials，2016，121：100-111.

［38］ MALEKI M，RASOOLAN I，KHAJEHDEZFULY A，et al. On the effect of ITZ thickness in meso-scale models of concrete［J］. Construction and Building Materials，2020，258：119639.

［39］ LUBLINER J，OLIVER J，OLLER S，et al. A plastic-damage model for concrete［J］. International Journal of Solids and Structures，1989，25(3)：299-326.

［40］ LEE J，FENVES G L. Plastic-damage model for cyclic loading of concrete structures［J］. Journal of Engineering Mechanics，1998，124(8)：892-900.

［41］ ZHANG Y H，CHEN Q Q，WANG Z Y，et al. 3D mesoscale fracture analysis of concrete under complex loading［J］. Engineering Fracture Mechanics，2019，220：106646.

［42］ HUANG Y J，YANG Z J，REN W Y，et al. 3D meso-scale fracture modelling and validation of concrete based on in-situ X-ray Computed Tomography images using damage plasticity model［J］. International Journal of Solids and Structures，2015，67：340-352.

第7章
界面过渡区力学特性对水工混凝土断裂性能的影响

在细观层次上混凝土一般被视为三相复合材料,即由砂浆、骨料和界面过渡区 ITZ 构成。ITZ 位于骨料与砂浆之间,具有抗拉强度低、弹性模量低和高渗透性等特点,是混凝土中的薄弱面[1-4]。Lee K M 等[5]利用数值模拟验证了 ITZ 的存在会降低混凝土的宏观弹性模量。朱万成等[6]根据强弱骨料的对比证实了 ITZ 的存在会对混凝土断裂模式产生影响。于庆磊等[7]利用数字图像技术建立有限元模型,探究了 ITZ 抗拉强度对于混凝土抗拉强度及断裂模式的影响。

一般而言,材料的力学参数应通过力学试验获取,但由于 ITZ 是两种材料之间厚度较薄的界面过渡区,通过试验手段直接获得其力学参数极为困难。近年来已有学者对 ITZ 的微观结构以及化学成分开展研究[4],但仍未实现其力学性能的测定。因此,在混凝土细观力学分析中,通常采用人为假定的方法确定 ITZ 的力学参数,存在很大程度的主观任意性。此外亦有研究表明,混凝土材料的断裂一般首先出现在 ITZ 中,进而扩展至砂浆,最终形成裂缝[6]。因此在混凝土细观分析中,ITZ 力学参数选取的合理性与否在很大程度上决定分析结果的合理性[8]。

为此,本章通过建立全级配混凝土细观有限元计算模型,并假定不同的 ITZ 参数取值,分析了不同 ITZ 力学参数的取值下全级配混凝土宏观断裂性能,系统研究了界面过渡区力学特性对水工混凝土断裂性能的影响规律,研究成果可为水工混凝土细观数值模拟中 ITZ 力学参数的取值提供参考。

7.1　混凝土细观有限元计算模型

采用细观有限元分析方法研究 ITZ 力学参数对水工混凝土宏观断裂性能的影响,首先需依据水工混凝土骨料含量和级配,生成混凝土细观随机结构,进而对其进行网格划分,并对骨料、砂浆和 ITZ 的力学特性进行模拟,最后开展计算分析,分述如下。

7.1.1　细观结构生成

本章以水工全级配混凝土作为研究对象,骨料平面含量取为 50%,骨料级配取为小骨料:中骨料:大骨料:特大骨料＝25:25:20:30。尺寸小于 5 mm 的细骨料被视为砂浆,并将砂浆看作是均匀连续介质。本章采用"take-and-place"参数化建模方法生成混凝土细观结构,详见第 5 章,基本步骤如下:(1) 确定骨料投放区域;(2) 确定骨料中心点位置,并生成多边形骨料;(3) 判断骨料位置是否符合要求,若不符合,则重复步骤(2);(4) 判断骨料含量是否满足要求,若不满足,则继续投放骨料。所生成的细观结构见图 7.1。

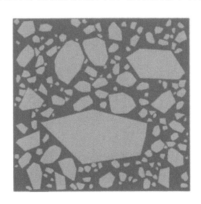

图 7.1　细观结构

7.1.2　网格划分

在生成混凝土的细观结构后,为了能够实现对结构自动划分网格,本章基于 MATLAB 和 PYTHON 混合编程自动调用 ABAQUS 的前处理模块对骨料和砂浆进行网格剖分。网格剖分流程如下:(1) 将细观结构的几何信息导入 ABAQUS;(2) 指定网格离散参数,并调用 ABAQUS 的前处理模块对导入的几何结构进行网格剖分。但由于 ITZ 厚度仅有 $100~\mu m^{[9]}$,难以直接对其进行网格剖分,故此时所生成的网格并未包含 ITZ。为此,通过自行编制的程序在砂浆与骨料之间自动插入界面单元以模拟 ITZ。有限元网格如图 7.2 所示。

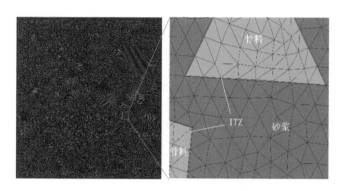

图 7.2　有限元网格

7.1.3　细观本构模型与力学参数

研究表明,混凝土断裂通常肇始于 ITZ 中,随后扩展并延伸至砂浆基质中,直至形成宏观裂缝,在这一过程中,骨料一般不会发生破裂[10]。因此,本章采用线弹性本构模拟粗骨料,采用塑性损伤(CDP)模型描述砂浆与 ITZ 的力学行为。CDP 模型运用 $\tilde{\varepsilon}_t^c$ 和 $\tilde{\varepsilon}_t^t$ 两个硬化变量来描述压缩和拉伸破坏,其力学本构详见第 5 章。

由于具有不同细观结构的随机混凝土试件,其断裂特性也存在差异[2,11-12]。为排除骨料形状以及分布对实验结果的影响,本章针对同骨料形状及分布的数值试件进行拉伸断裂模拟。为真实模拟混凝土的断裂性能,本章采用异步粒子群优化算法[13]对砂浆的主要细观力学参数(弹性模量、抗拉强度以及断裂能)进行标定,标定目标为《混凝土结构设计规范》(GB 50010—2010)中 C20 混凝土的单轴拉伸理论曲线。表 7.1 给出了砂浆与骨料的主要力学参数。

表 7.1　砂浆与骨料力学参数表

试件材料	泊松比	密度(kg/m³)	弹性模量(GPa)	抗拉强度(MPa)	断裂能(N/m)
骨料	0.2	2 800	50.00	—	—
砂浆	0.2	2 200	19.00	3.90	392.0

考虑到混凝土断裂是一个典型的准脆性断裂过程,通常伴有明显的软化阶段,故采用常规的隐式求解方法一般会出现不收敛问题,难以获取较为完整的拉伸应力-位移曲线,故本章采用显示动力学求解方法进行混凝土单轴拉伸模拟。通过对本章的数值试件进行大量试算,最终确定加载速率为 5 mm/s。在此加载速率下,模型的惯性效应很小,符合准静态加载的特征。与物理试验保持一致,水工全级配混凝土细观模型尺寸取为 450 mm × 450 mm,模拟中采用位移加载方式,即模型左侧边界约束法向位移,模型右侧边界施加均布位移,加载位移取值为 0.000 27 m(即相当于 600 个微应变)。

7.2　影响分析

为研究 ITZ 力学特性对水工混凝土断裂性能的影响,本章开展了一系列单轴拉伸数值模拟。首先,为体现 ITZ 的软化特性,假定 ITZ 力学参数为砂浆力学参数的 0.9 倍,并进行单轴拉伸数值模拟。在此基础上,分别逐级降低 ITZ 的弹性模量、抗拉强度与断裂能,并开展相应的数值分析以单独研究上述参数的取值对混凝土宏观断裂性能的影响。

7.2.1　ITZ 弹性模量对混凝土断裂性能的影响

为研究 ITZ 弹性模量对水工混凝土断裂性能的影响,将 ITZ 弹性模量逐级降低为砂浆弹性模量的 0.8,0.7,0.6 和 0.5 倍,二者的比值用 $R(E)$ 表示。图 7.3(a)给出了 $R(E)$ 不同量值时的宏观应力-位移曲线,与之相应的断裂模式以及主要宏观力学指标(弹性模量、抗拉强度、峰值应变以及断裂能)见图 7.4 和表 7.2。

可以看出,在不同的 $R(E)$ 下,各宏观应力-位移曲线均体现了混凝土典型的准脆性拉伸断裂软化特征;随着 ITZ 弹性模量的逐渐降低,混凝土各宏观力学性能指标基本无变化,断裂模式亦基本一致,表明 ITZ 弹性模量的变化对混凝土断裂性能的影响较小。

表 7.2　ITZ 弹性模量对水工混凝土断裂性能的影响

$R(E)$	弹性模量（GPa）	抗拉强度（MPa）	峰值应变（$\times 10^{-6}$）	断裂能（N/m）
0.9	29.66	3.25	139.00	289.75
0.8	29.60	3.25	139.00	280.35
0.7	29.66	3.25	139.00	273.80
0.6	29.61	3.25	139.00	268.34
0.5	29.48	3.24	139.00	264.96

7.2.2　ITZ 抗拉强度对混凝土断裂性能的影响

通过逐级降低 ITZ 抗拉强度以研究 ITZ 抗拉强度对水工混凝土宏观断裂性能的影响。ITZ 抗拉强度与砂浆抗拉强度的比值 $R(f_t)$ 分别取为 0.8、0.7、0.6 和 0.5。不同 $R(f_t)$ 取值时水工混凝土的宏观应力-位移曲线及其断裂模式分别如图 7.3(b) 和图 7.5 所示，与之相对应的主要宏观力学指标见表 7.3。

通过图 7.3(b) 可以看出，ITZ 的抗拉强度对混凝土宏观力学性能影响较为显著。这主要体现在随着 $R(f_t)$ 的变化，混凝土的宏观应力-位移曲线出现较为明显的改变。从表 7.3 中可知，随着 $R(f_t)$ 由 0.9 降低至 0.5，峰值应变逐渐增加，混凝土的抗拉强度呈现降低趋势，而弹性模量变化很小，这与图 7.3(b) 所示的宏观应力-位移曲线相一致。从图 7.5 和表 7.3 中可以看出，ITZ 抗拉强度对水工混凝土的断裂模式有着明显的影响，相应的断裂能也因此发生改变。

出现上述现象的主要原因在于 ITZ 抗拉强度降低，使得其更容易破坏进而导致试件的断裂。混凝土的断裂模式不同，导致其断裂能也不相同，当断裂路径较长时，所耗散的断裂能较大。总体而言，ITZ 的抗拉强度对水工混凝土断裂性能有很大影响。

表 7.3　ITZ 抗拉强度对水工混凝土断裂性能的影响

$R(f_t)$	弹性模量（GPa）	抗拉强度（MPa）	峰值应变（$\times 10^{-6}$）	断裂能（N/m）
0.9	29.50	3.25	139.00	289.75
0.8	29.49	3.01	138.00	457.94
0.7	29.47	2.74	136.00	284.87
0.6	29.44	2.40	147.00	272.12
0.5	29.48	2.22	156.00	384.51

7.2.3 ITZ 断裂能对混凝土断裂性能的影响

为了研究 ITZ 断裂能对水工混凝土断裂性能的影响,ITZ 断裂能逐级降低为砂浆断裂能的 0.8、0.7、0.6 和 0.5 倍,并用 $R(G_f)$ 表示 ITZ 断裂能与砂浆断裂能的比值。图 7.3(c) 和图 7.6 分别给出了 $R(G_f)$ 取不同量值时水工混凝土的宏观应力-位移曲线及其断裂模式,相应的混凝土宏观断裂性能指标列于表 7.4。

结合图 7.3(c) 和表 7.4 可以看出,随着 ITZ 断裂能的降低,混凝土的抗拉强度与峰值应变也随之减小,但混凝土的弹性模量基本未发生改变。从图 7.6 和表 7.4 中可以看出,ITZ 断裂能的变化对混凝土断裂模式基本未产生影响,但随着 ITZ 断裂能降低,混凝土断裂能逐渐减小。

综上可知,ITZ 断裂能对水工混凝土断裂性能的影响主要体现在对混凝土断裂能的影响,其主要原因在于混凝土的裂缝主要形成于 ITZ 和砂浆中,而 ITZ 断裂能的降低使得在混凝土中形成裂缝所耗散的能量减少。

表 7.4　ITZ 断裂能对水工混凝土断裂性能的影响

$R(G_f)$	弹性模量(GPa)	抗拉强度(MPa)	峰值应变($\times 10^{-6}$)	断裂能(N/m)
0.9	29.50	3.25	139.00	289.75
0.8	29.54	3.23	138.00	277.28
0.7	29.51	3.20	133.00	259.73
0.6	29.51	3.16	129.00	254.54
0.5	29.50	3.10	123.00	244.94

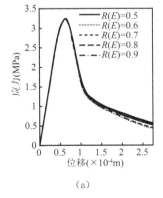 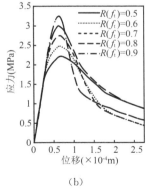 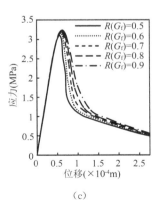

（a）　　　　　　　　　　（b）　　　　　　　　　　（c）

图 7.3　宏观应力-位移曲线

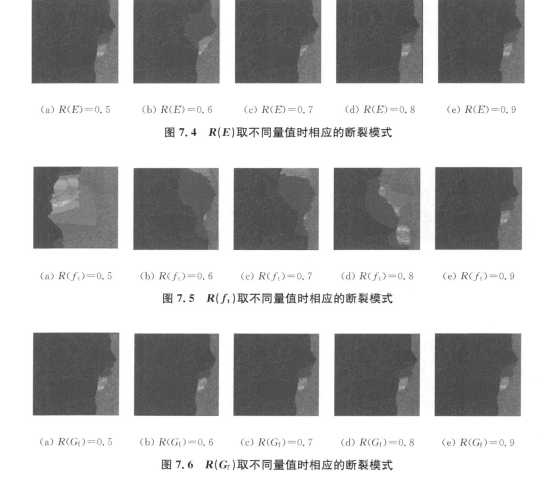

(a) $R(E)=0.5$　　(b) $R(E)=0.6$　　(c) $R(E)=0.7$　　(d) $R(E)=0.8$　　(e) $R(E)=0.9$

图 7.4　$R(E)$ 取不同量值时相应的断裂模式

(a) $R(f_{\rm t})=0.5$　　(b) $R(f_{\rm t})=0.6$　　(c) $R(f_{\rm t})=0.7$　　(d) $R(f_{\rm t})=0.8$　　(e) $R(f_{\rm t})=0.9$

图 7.5　$R(f_{\rm t})$ 取不同量值时相应的断裂模式

(a) $R(G_{\rm f})=0.5$　　(b) $R(G_{\rm f})=0.6$　　(c) $R(G_{\rm f})=0.7$　　(d) $R(G_{\rm f})=0.8$　　(e) $R(G_{\rm f})=0.9$

图 7.6　$R(G_{\rm f})$ 取不同量值时相应的断裂模式

7.3　本章小结

　　基于第五章所提混凝土细观尺度数值试件生成方法，本章建立水工全级配混凝土有限元数值模型，研究 ITZ 的力学特性对水工混凝土断裂性能的影响，通过对 ITZ 的弹性模量、抗拉强度和断裂能分别逐级降低，单独分析上述参数对水工混凝土断裂性能的影响。针对水工四级配混凝土，主要结论如下：

　　(1) ITZ 弹性模量对水工混凝土断裂性能影响很小；

（2）随着 ITZ 抗拉强度降低,水工混凝土的抗拉强度减小,峰值应变逐渐增加,断裂模式也呈现出明显变化,并导致断裂能的改变,但弹性模量变化很小;

（3）ITZ 断裂能对水工混凝土断裂性能的影响主要体现在混凝土断裂能上,而抗拉强度、峰值应变、弹性模量以及断裂模式受其影响较小。

参考文献

［1］WANG X F，YANG Z J，YATES J R，et al. Monte Carlo simulations of mesoscale fracture modelling of concrete with random aggregates and pores［J］. Construction & Building Materials，2015，75：35-45.

［2］张迎雪，娄宗科，张臻，等. 骨料粒径对混凝土界面过渡区弹性模量与黏结强度影响预测［J］. 混凝土，2017(7)：7-10＋14.

［3］陆金平，吴科如，黄蕴元，等. 界面粘结对混凝土力学行为影响的数值模拟研究［J］. 建筑材料学报，1989，2(3)：28-34.

［4］雷斌，邹俊，扶名福，等. 混凝土 ITZ 性能及其对混凝土性能影响研究［J］. 混凝土，2017(5)：24-28.

［5］LEE K M，PARK J H. A numerical model for elastic modulus of concrete considering interfacial transition zone［J］. Cement & Concrete Research，2008，38(3)：396-402.

［6］朱万成，唐春安，滕锦光，等. 混凝土细观力学性质对宏观断裂过程影响的数值试验［J］. 三峡大学学报（自然科学版），2004，26(1)：22-26.

［7］于庆磊，杨天鸿，唐春安，等. 界面强度对混凝土拉伸断裂影响的数值模拟［J］. 建筑材料学报，2009，12(6)：643-649.

［8］UNGER J F，ECKARDT S. Multiscale Modeling of Concrete［J］. Archives of Computational Methods in Engineering，2011，18(3)：341.

［9］XU L，HUANG Y F. Effects of Voids on Concrete Tensile Fracturing：A Mesoscale Study［J］. Advances in Materials Science and Engineering，2017：1-14.

［10］琚宏昌，陈国荣，夏晓舟. 骨料形状对混凝土拉伸强度的影响［J］. 河海大学学报（自然科学版），2008，36(4)：554-558.

［11］刘铭. 骨料分布对混凝土力学行为影响的研究［D］. 沈阳:沈阳建筑大

学，2013.

［12］黄景琦，金浏，杜修力. 界面特性及骨料分布对混凝土破坏模式影响
［J］. 土木建筑与环境工程，2011，33(S2)：38-41.

［13］张太俊，徐磊. 基于异步粒子群优化算法的边坡工程岩体力学参数反
演［J］. 三峡大学学报(自然科学版)，2014，36(1)：37-41.

第8章

全级配与湿筛混凝土拉伸断裂性能差异的细观分析

大体积水工混凝土结构多采用全级配（三级配或四级配）混凝土，与普通混凝土相比，其粗骨料粒径较大（如四级配水工混凝土的最大骨料粒径可达150 mm）。因而，工程实践中普遍采用湿筛混凝土标准试件代替全级配混凝土试件进行力学试验[1]。由于湿筛混凝土的级配与骨料含量等与全级配混凝土有很大不同，因此，基于湿筛混凝土试验所得的力学指标与全级配混凝土的力学指标之间存在明显差异[2]。

为了获取水工全级配混凝土的力学性能指标，相关学者针对这一差异已开展一些工作。始于美国垦务局开展的全级配混凝土力学试验，早期的研究工作主要侧重于分析水工全级配和湿筛混凝土抗压强度的区别[3]。近年来，相关工作主要集中在国内。翟雪[4]和尹有君[5]对湿筛前后的混凝土试件进行了考虑冻融循环影响的劈裂抗拉试验，建立了全级配混凝土与湿筛混凝土劈裂抗拉强度的关系式。陈文耀等[6]从混凝土受拉受压的破坏机理出发分析了全级配混凝土与湿筛混凝土抗拉、抗压强度存在差异的原因。王刚[7]通过对大坝及湿筛混凝土试件进行直拉断裂试验，对比研究了湿筛混凝土和大坝混凝土软化曲线的关系。现阶段，相关研究主要采用物理试验方法，分析某一配合比下全级配与湿筛混凝土力学性能指标的差异程度。由于不同的全级配混凝土通常有着不同的宏观强度、骨料含量和骨料级配，故上述力学性能的差异亦随研究对象的不同而发生改变。此外，已有研究表明混凝土的细观随机结构对其宏观力学性能有着很大的影响[8]，故而在全级配和湿筛混凝土力学性能差异的研究过程中应尽可能消除细观随机结构的影响,但在以往的物理试验研究中,试件数量通常较少,难以获取具有统计意义的分析结果。

另一方面,细观有限元分析已在混凝土力学性能研究中得到越来越广泛的应用[9]。相对于物理试验方法,混凝土细观有限元分析耗时少,费用低,不受试件尺寸的影响,分析结果受到的干扰少,且可同时在宏观和细观两个尺度上开展对比分析,可作为物理试验方法的有力补充。

鉴于此,本章研究采用细观有限元分析与 Monte Carlo 模拟相结合的方法,在分析不同宏观强度、骨料含量和骨料级配水工全级配和湿筛混凝土拉伸断裂性能差异的基础上,重点探究上述差异随宏观强度、骨料含量和骨料级配的变化规律。研究成果不仅可揭示宏观强度、骨料含量和骨料级配对水工全级配和湿筛混凝土拉伸断裂性能差异的影响规律,亦可为基于湿筛混凝土拉伸断裂性能指标(拉伸弹性模量、峰值抗拉强度、峰值拉伸应变及断裂能)推求水工全级配混凝土拉伸断裂性能指标提供参考,具有重要的学术意义和工程应用价值。

8.1 宏观强度的影响

8.1.1 混凝土细观有限元计算模型

本章在细观尺度上将混凝土视为一种由粗骨料、砂浆(包括水泥基和细骨料)和界面过渡区构成的三相非均质复合材料。

为建立原级配和湿筛混凝土试件的细观有限元计算模型,本节采用"take-and-place"的方法[10]生成混凝土试件的细观随机结构,主要针对水工原级配(三级配)及其湿筛混凝土开展研究。为与物理试验中采用的试件尺寸保持一致,原级配数值试件尺寸取为 300 mm×300 mm,湿筛数值试件尺寸为150 mm×150 mm。此外,原级配混凝土平面内骨料含量取为 50%,级配取为小骨料(5~20 mm):中骨料(20~40 mm):大骨料(40~80 mm)=3:3:4,则湿筛混凝土骨料含量为 37.5%,级配为小骨料:中骨料=5:5。图 8.1 为按上述要求随机生成的原级配及其湿筛混凝土试件细观结构(多边形代表粗骨料)。

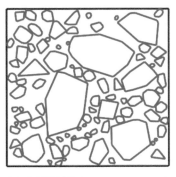

（a）全级配试件（300 mm×300 mm）　　（b）湿筛试件（150 mm×150 mm）

图 8.1　细观结构

在上述基础上，尚需对生成的复杂混凝土细观结构进行网格剖分，为此本章基于通用有限元软件平台 ABAQUS 成熟的前处理模块，编制了可实现混凝土细观网格自动剖分的 MATLAB 程序[10]。图 8.2 给出了对图 8.1 所示细观结构进行自动剖分后所得的有限元网格，在网格剖分中，所编制的程序可实现在骨料与砂浆中自动插入一定厚度的界面过渡区，此处界面过渡区厚度取为 100 μm[11]。

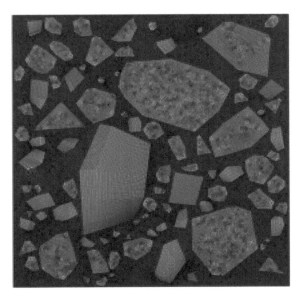

（a）全级配试件（300 mm×300 mm）　　　（b）湿筛试件（150 mm×150 mm）

图 8.2　细观有限元网格

通过细观有限元分析模拟混凝土实际拉伸断裂过程,需赋予粗骨料、砂浆以及界面过渡区合理的本构模型及相应的力学参数。考虑到在拉伸断裂过程中,粗骨料通常保持完整,细观开裂破坏一般先出现于界面过渡区,后逐渐向砂浆中扩展[12],故本章采用线弹性本构模型模拟粗骨料的力学行为,采用 ABAQUS 中的塑性损伤模型[13]模拟砂浆与界面过渡区的力学行为。由于界面过渡区的性能弱于砂浆,取界面过渡区力学参数为砂浆的 75%[10];另一方面,考虑到大骨料周围的界面过渡区与中、小骨料的界面过渡区相比存在更多缺陷,力学性能更弱,所以模拟中,粒径≥40 mm 的大骨料周围的界面过渡区参数取为中、小骨料(5 mm≤粒径<40 mm)界面过渡区参数的 4/5[14]。

为了在细观有限元分析中模拟真实的混凝土拉伸断裂过程,首先依据《混凝土结构设计规范》[15](GB 50010—2010)给出的 C20 混凝土单轴受拉应力应变曲线,对具有独立性且对混凝土拉伸断裂性能影响较大的细观力学参数(砂浆的弹性模量、峰值抗拉强度与断裂能)进行了反演标定。在此基础上,由于混凝土宏观强度在很大程度上受控于砂浆与界面过渡区的力学特性[14],故本章通过提高二者细观力学参数的方式来考虑原级配和湿筛混凝土宏观强度的变化。具体而言,本章研究三类具有不同宏观强度的原级配与湿筛混凝土的拉伸断裂性能差异,分别记为(C_I^F, C_I^W)、(C_{II}^F, C_{II}^W)和(C_{III}^F, C_{III}^W),其中 F 代表全级配,W 代表湿筛。对于(C_I^F, C_I^W),分析中采用上述反演标定所得的细观力学参数,对于(C_{II}^F, C_{II}^W)和(C_{III}^F, C_{III}^W),分析中采用细观力学参数分别为(C_I^F, C_I^W)的 1.15 和 1.30 倍。表 8.1 给出了 C_I^F 细观有限元分析中采用的主要力学参数。

表 8.1 C_I^F 细观力学参数

细观组分	泊松比	密度 （kg/m³）	弹性模量 （GPa）	峰值抗拉强度 （MPa）	断裂能 （N/m）
骨料	0.2	2 800	50.00	—	—
砂浆	0.2	2 200	19.00	3.90	392.00
小骨料界面过渡区	0.2	2 200	14.25	2.93	294.00
大骨料界面过渡区	0.2	2 200	11.40	2.34	235.20

为分析不同宏观强度下水工原级配和湿筛混凝土的拉伸断裂性能,对(C_I^F, C_I^W)、(C_{II}^F, C_{II}^W)和(C_{III}^F, C_{III}^W)的数值试件分别开展单轴拉伸的细观有限元模拟。由于混凝土的拉伸断裂过程具有典型的准脆性特征,软化行为明显,故在模拟中,采用位移加载方式和显式有限元求解技术以获取混凝土从

细观损伤到宏观断裂的受拉破坏全过程。最大拉伸位移取为试件边长的（6/1 000），即相当于 600 微应变。

8.1.2　Monte Carlo 模拟

为取得具有统计意义的分析结果，在本章研究中运用 Monte Carlo 随机试验方法，对 8.1.1 节中所述的任意一类原级配或湿筛混凝土，均建立一定数量（N_c）且具有不同细观结构的数值试件，以实现在差异分析中消除细观结构随机性的影响。

为了保证 Monte Carlo 随机试验的统计收敛性，N_c 需要足够大。为此，在分析中研究了各类混凝土宏观拉伸断裂性能指标的统计均值与样本（试件）数量之间的关系，发现当 N_c 取为 30 时，基本可实现统计收敛。因此，在本章研究中，共需开展 180 次（6×30 次）细观有限元分析。

在细观有限元分析的基础上，尚需给出混凝土试件的宏观拉伸断裂性能指标（拉伸弹性模量 E_t、峰值拉伸应变 ε_t、峰值抗拉强度 f_t 以及断裂能 G_f）。其中，f_t 定义为位移加载结点的结点反力之和的极值与试件边长的比值，ε_t 为与 f_t 相应的试件位移值与试件边长的比值，E_t 定义为 ε_t 与 f_t 的比值，G_f 可通过对应力-位移曲线积分进行计算。

8.1.3　结果分析

通过开展不同宏观强度下原级配和湿筛混凝土的单轴拉伸 Monte Carlo 模拟，可以绘制出如图 8.3 所示的应力-应变随机曲线（虚线）及其平均曲线（粗实线）。图 8.4 给出了原级配混凝土试件（$C_{\mathrm{I}}^{\mathrm{F}}$）的 ε_t 与 E_t 的统计均值与试件数量（N）之间的关系曲线。

从图 8.3 中可以看出，对于不同宏观强度下的原级配和湿筛混凝土而言，各试件的应力-应变曲线在达到峰值抗拉强度之后，由于随机试件细观结构的不同，各试件软化阶段的应力-应变曲线的走势表现出明显差异，而在峰值抗拉强度之前，各试件的应力-应变曲线则相对更加接近一致。从图 8.4 可以看出，当试件数量取为 30 时，$C_{\mathrm{I}}^{\mathrm{F}}$ 的 ε_t 与 E_t 可基本实现统计收敛，对于 $C_{\mathrm{I}}^{\mathrm{F}}$ 的峰值应力 f_t 和断裂能 G_f 以及 $C_{\mathrm{II}}^{\mathrm{W}}$、$C_{\mathrm{II}}^{\mathrm{F}}$、$C_{\mathrm{II}}^{\mathrm{W}}$、$C_{\mathrm{III}}^{\mathrm{F}}$ 与 $C_{\mathrm{III}}^{\mathrm{W}}$ 的宏观拉伸断裂指标，亦有相同结论。

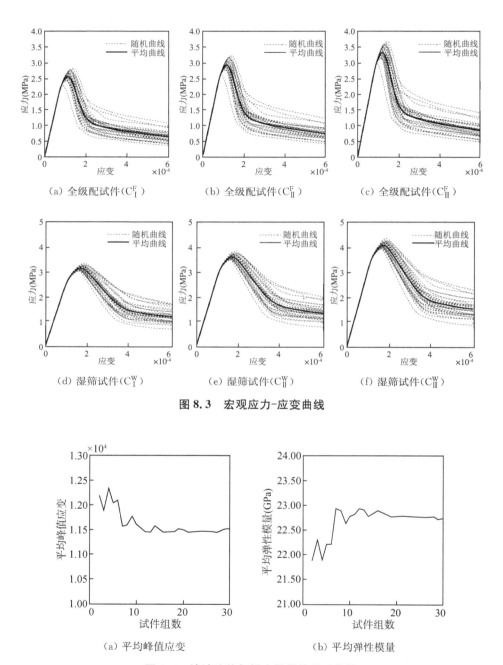

图 8.3 宏观应力-应变曲线

（a）全级配试件（C_{I}^{F}） （b）全级配试件（C_{II}^{F}） （c）全级配试件（C_{III}^{F}）

（d）湿筛试件（C_{I}^{W}） （e）湿筛试件（C_{II}^{W}） （f）湿筛试件（C_{III}^{W}）

（a）平均峰值应变 （b）平均弹性模量

图 8.4 统计均值与样本数量的关系曲线

表 8.2 给出了不同宏观强度下原级配和湿筛混凝土宏观拉伸断裂指标的

均值及其比值。从表 8.2 中可以看出,在不同的宏观强度下,原级配混凝土的拉伸弹性模量均大于湿筛混凝土的拉伸弹性模量,这主要可归因于原级配混凝土中粗骨料(抵抗变形能力强)含量高;随着宏观强度的提高,原级配与湿筛混凝土拉伸弹性模量的比值呈现出减小的变化趋势,其原因主要在于当骨料力学特性保持不变时,混凝土宏观强度的提高通常伴随着砂浆、界面过渡区抵抗变形能力的提高,而这将降低由于骨料含量减少所导致的湿筛混凝土拉伸弹性模量减小幅度。

表 8.2 宏观拉伸断裂指标的统计均值及其比值

成件类型	f_t(MPa)	$\varepsilon_t(\times 10^{-6})$	G_f(N/m)	E_t(GPa)
$C_{\mathrm{I}}^{\mathrm{F}}$	2.57	112.67	279.08	22.75
$C_{\mathrm{I}}^{\mathrm{W}}$	3.15	166.67	353.14	18.90
比值	0.82	0.68	0.79	1.20
$C_{\mathrm{II}}^{\mathrm{F}}$	2.95	115.33	321.81	25.58
$C_{\mathrm{II}}^{\mathrm{W}}$	3.63	168.00	404.93	21.60
比值	0.81	0.69	0.79	1.18
$C_{\mathrm{III}}^{\mathrm{F}}$	3.34	119.33	363.40	27.96
$C_{\mathrm{III}}^{\mathrm{W}}$	4.11	170.67	458.90	24.01
比值	0.81	0.70	0.79	1.16

在不同的宏观强度下,原级配混凝土的峰值抗拉强度均明显小于湿筛混凝土的峰值抗拉强度,这主要是由于原级配混凝土中大骨料周围存在力学性能更弱的界面过渡区;而随着宏观强度的提高,原级配与湿筛混凝土的峰值抗拉强度之比基本保持不变,且这一比值与大骨料和中、小骨料界面过渡区力学参数之比(0.8)接近,这表明相对于宏观强度,大骨料与中、小骨料周围界面过渡区的抗拉强度之比在更大程度上控制着原级配与湿筛混凝土峰值抗拉强度比值。

由于原级配混凝土的峰值抗拉强度小于湿筛混凝土,而拉伸弹性模量大于湿筛混凝土,故在不同的宏观强度下,原级配混凝土的峰值拉伸应变均明显小于湿筛混凝土;随着宏观强度的提高,由于峰值抗拉强度比值基本不变,而拉伸弹性模量比值逐渐降低,故原级配和湿筛混凝土峰值拉伸应变的比值呈现出逐渐增大的趋势。

在不同的宏观强度下,原级配混凝土的断裂能均明显低于湿筛混凝土的断裂能,其原因主要在于原级配混凝土中粗骨料含量高且大骨料周围的界面过渡区力学性能更为软弱；进一步可以发现，随着宏观强度的提高，原级配和湿筛混凝土的断裂能之比保持不变(0.79)，这一比值与大骨料和中、小骨料周围界面过渡区的断裂能比值(0.8)基本相同，这表明与峰值抗拉强度类似，原级配与湿筛混凝土断裂能的比值亦主要受控于大骨料与中、小骨料周围界面过渡区的断裂能之比。

8.2 骨料含量的影响

8.2.1 混凝土细观有限元计算模型

本节将混凝土视为由骨料、砂浆和两者之间的界面过渡区所组成的三相复合材料，采用"take-and-place"的方法[10]生成混凝土试件的细观随机结构。以水工三级配 C20 混凝土为分析对象，假定其骨料含量分别为 40%、45%、50%，研究骨料含量对原级配和湿筛混凝土力学特性差异的影响规律。混凝土数值试件与物理试验所采用的试件尺寸一致，原级配试件尺寸取为 300 mm×300 mm，骨料级配取为小骨料∶中骨料∶大骨料＝3∶3∶4，湿筛混凝土试件尺寸为 150 mm×150 mm，湿筛试件的骨料含量及级配可根据原级配试件的相应参数来推求。在生成混凝土细观结构的过程中骨料被模拟为多边形，并将砂浆视为均匀介质。图 8.5 为骨料含量为 40% 的原级配与湿筛混凝土试件的细观随机结构。

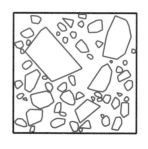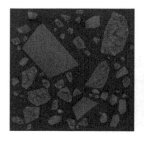

（a）原级配试件　　（b）湿筛试件　　　　（a）原级配试件　　（b）湿筛试件

图 8.5　原级配和湿筛混凝土试件的细观结构　　　**图 8.6　细观有限元网格剖分**

为开展细观有限元分析，尚需对混凝土模型进行细观网格划分，本节首先通过 MATLAB 编程建立混凝土随机多面体骨料模型，并在其平台上编写脚本文件调用 ABAQUS 的前处理模块，将混凝土细观模型导入 ABAQUS 中对其进行自动网格划分。另外,所编制的程序将自动在砂浆单元与骨料单元之间插入厚度为 100 μm[11]的薄层单元,以模拟界面过渡区。图 8.5 中的混凝土细观结构经过网格自动划分后所得的有限元网格如图 8.6 所示。

已有研究表明,在混凝土单轴拉伸试验中,骨料一般不会发生开裂破坏,可以将骨料视为线弹性材料,裂缝主要在砂浆和界面过渡区中展开,砂浆和界面过渡区则采用 ABAQUS 中的塑性损伤(CDP)[13]模型来进行模拟。由于砂浆和骨料之间的界面过渡区为混凝土内部最薄弱的环节,其力学参数取为砂浆参数的 75%。此外,界面过渡区的力学参数会随着周围骨料粒径的大小而发生变化,其中骨料粒径在 40 mm 及以上的界面过渡区相对于骨料粒径在 5 mm 和 40 mm 之间的界面过渡区存在更多的缺陷。Xu 等通过开展细观敏感性分析,认为大骨料周围界面过渡区的力学参数取为小骨料周围界面过渡区参数的 4/5 时,水工大骨料混凝土细观数值模拟可获得相对合理的结果[14]。故在本章研究中,亦将大骨料周围界面过渡区的力学参数取为小骨料周围界面过渡区参数的 4/5。依据《混凝土结构设计规范》(GB 50010—2010)[15]中给定的 C20 混凝土单轴拉伸应力-应变关系曲线,通过反演标定获取了砂浆和界面过渡区的主要力学参数(弹性模量、峰值抗拉强度与断裂能),试件各相材料的力学参数如表 8.1 所示。本节主要研究骨料含量分别为 40%、45%、50% 时三级配与对应的湿筛混凝土拉伸断裂性能差异的变化,为方便表示,将六类混凝土试件分别标记为(C_{40}^O,C_{40}^W)、(C_{45}^O,C_{45}^W)和(C_{50}^O,C_{50}^W),其中 O 表示原级配试件,W 表示湿筛试件。

混凝土作为一种准脆性材料,具有明显的软化特性,本节通过位移约束来施加荷载,分别在试件左端和右端施加法向位移约束和水平均布位移荷载,右侧施加的最大位移为试件边长的 6/1 000(即相当于 600 微应变)。此外,由于常规的隐式分析方法在软化阶段通常会发生计算不收敛,为了获取混凝土完整的拉伸断裂过程,采用 ABAQUS/EXPLICIT 显式求解模块进行准静态破坏分析。综合考虑准静态加载要求与计算效率,加载时间最终确定为 0.036 s,加载速度为 5 mm/s。

8.2.2　Monte Carlo 模拟

由于混凝土试件具有不同的细观随机结构,其断裂性能一般也存在差异,为了避免试件细观结构的随机性引起的误差,本文对 8.2.1 节中不同骨料含量的原级配与湿筛混凝土均开展了 Monte Carlo 模拟,即对前述 6 类混凝

土分别生成 K 个具有不同细观结构的随机试件，并开展计算，进而对 K 个试件的断裂参数均值进行统计分析以消除随机性带来的误差。

当 K 值足够大时，Monte Carlo 模拟结果可以实现统计收敛，通过对 K 个试件断裂参数均值的统计分析发现，当 $K=30$ 时，断裂参数均值趋于定值。以试件 C_{40}^O 为例，其峰值抗拉强度 f_t、拉伸弹性模量 E_t 的平均值随着试件组数 K 的增加而逐渐稳定趋于定值。从图 8.7 可以看出，随着试件组数 K 的增大，平均峰值应力和平均弹性模量的波动越来越小，当 K 达到 30 时，两者趋向定值，即峰值抗拉强度和拉伸弹性模量实现统计收敛，C_{40}^O、C_{40}^W、C_{45}^O、C_{45}^W、C_{50}^O 与 C_{50}^W 六类混凝土试件的宏观断裂性能指标都具有相同的规律。

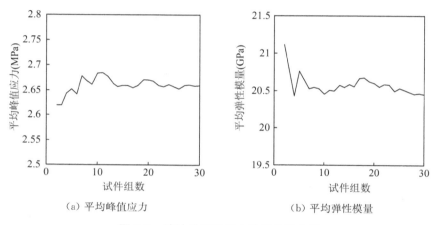

（a）平均峰值应力　　　　　　　　（b）平均弹性模量

图 8.7　统计均值与样本数量关系曲线

8.2.3　成果分析

从 8.2.2 节可知，当试件样本数量达 30 时，各类试件的宏观断裂指标均可达到统计收敛，因此对骨料含量为 40%、45%、50% 的水工原级配和湿筛试件分别开展 30 组单轴拉伸试验，图 8.8 给出了各类混凝土试件的应力-应变曲线及其平均曲线。

从图 8.8 中可以看出，在峰值应力之前各类混凝土试件的应力-应变曲线均基本一致，在峰值抗拉强度之后的软化阶段则存在明显差异，具有较大的离散性，这也体现出开展 Monte Carlo 模拟的必要性。

由图 8.8 可获取不同混凝土骨料含量下原级配和湿筛试件的宏观断裂参数及其比值，具体数值见表 8.3。从表 8.3 中可知，对不同骨料含量的原级配和湿筛混凝土,二者弹性模量的比值均大于 1,这是由于原级配试件相对于湿筛试件骨料含量更高,抵抗变形能力更强。另一方面,随着骨料含量的提高,原级配和湿筛试件的弹性模量均趋于增大,且二者弹性模量的比值也随之增大,这是因为原级配和湿筛试件弹性模量的差异主要是由湿筛前后骨料含量的变化引起的,随着骨料含量的增加,由于湿筛所导致原级配和湿筛试件骨料含量差异增大,进而致使原级配试件与湿筛试件弹性模量的比值趋于增大。

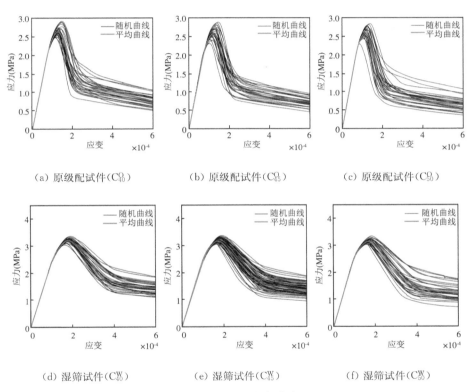

$$(a) \text{ 原级配试件}(C^O_{40}) \quad (b) \text{ 原级配试件}(C^O_{45}) \quad (c) \text{ 原级配试件}(C^O_{50})$$

$$(d) \text{ 湿筛试件}(C^W_{40}) \quad (e) \text{ 湿筛试件}(C^W_{45}) \quad (f) \text{ 湿筛试件}(C^W_{50})$$

图 8.8　应力-应变曲线

表 8.3　宏观拉伸断裂参数指标量值及比值

断裂参数	C20~40%			C20~45%			C20~50%		
	C^O_{40}	C^W_{40}	比值	C^O_{45}	C^W_{45}	比值	C^O_{50}	C^W_{50}	比值
$G_f(N \cdot m^{-1})$	317.89	386.34	0.82	303.51	373.75	0.81	279.08	353.14	0.79
$f_t(MPa)$	2.63	3.23	0.81	2.57	3.18	0.81	2.57	3.15	0.82

断裂参数	C20~40%			C20~45%			C20~50%		
	C_{40}^O	C_{40}^W	比值	C_{45}^O	C_{45}^W	比值	C_{50}^O	C_{50}^W	比值
$\varepsilon_t(\times10^{-6})$	128	180	0.71	119.33	172	0.69	112.67	166.67	0.67
$E_t(\text{GPa})$	20.58	17.97	1.15	21.56	18.49	1.17	22.75	18.9	1.2

在不同骨料含量的情况下,原级配试件的峰值抗拉强度均远小于湿筛试件的峰值抗拉强度,表明大骨料对混凝土试件峰值抗拉强度的影响比较大,主要原因为大骨料周围的界面过渡区相较于小骨料周围的界面过渡区力学特性更加软弱。但原级配和湿筛试件峰值抗拉强度之间的比值不会随着骨料含量的增加而发生明显变化,基本稳定在 0.8 左右,这说明原级配与湿筛试件峰值抗拉强度的比值主要取决于大骨料和小骨料界面过渡区抗拉强度的比值。

在不同骨料含量的情况下,由于原级配混凝土的弹性模量大于湿筛试件,峰值抗拉强度小于湿筛试件,故原级配试件和湿筛试件峰值拉伸应变的比值小于 1。另一方面,随着骨料含量的增加,原级配试件与湿筛试件弹性模量的比值增大,而二者峰值抗拉强度的比值几乎不变,故原级配试件和湿筛试件峰值拉伸应变的比值趋于减小。

对于某一固定的骨料含量,原级配试件的断裂能明显小于湿筛试件,这是因为原级配试件比湿筛试件含有更多的大骨料且其周围的界面过渡区力学性能更加软弱。在骨料含量逐渐增加的情况下,原级配与湿筛试件的断裂能均呈现出减小的趋势,而二者断裂能的比值亦趋于减小,其原因主要在于骨料含量的提高导致原级配和湿筛混凝土骨料含量变化的差异增大,进而致使二者断裂能的差异亦趋于增大。

8.3 骨料级配的影响

8.3.1 混凝土细观有限元计算模型

在细观尺度上,将水工全级配与湿筛混凝土视为由粗骨料、砂浆及二者之间的界面过渡区构成的三相随机复合材料。在建立全级配与湿筛混凝土细观有限元计算模型的过程中,所涉及的关键技术问题主要包括材料细观结构的生成、细观有限元网格的剖分、细观本构模型及力学参数的确定、荷载与边界条件的施加以及数值求解的策略等,简述如下。

在给定骨料含量和骨料级配的基础上,采用基于"take-and-place"的参数化建模方法实现水工全级配和湿筛混凝土细观随机结构的自动生成。为分析骨料级配的影响,分别建立了三级配和四级配的全级配混凝土数值试件及其相应的湿筛混凝土试件。对于三级配试件(平面尺寸为 300 mm × 300 mm),平面骨料含量取为 50%,骨料级配取为小骨料∶中骨料∶大骨料 = 30∶30∶40,由此,可推求与三级配试件对应的湿筛混凝土试件(平面尺寸为 150 mm×150 mm)的骨料含量与级配。对于四级配试件(平面尺寸为 450 mm×450 mm),平面骨料含量亦取为 50%,骨料级配取为小骨料∶中骨料∶大骨料∶特大骨料 = 25∶25∶20∶30,同样,可据此推求与四级配试件对应的湿筛混凝土试件(平面尺寸为 150 mm×150 mm)的骨料含量与级配。考虑到水工全级配混凝土通常采用碎石作为粗骨料,在生成细观随机结构的过程中采用多边形对骨料进行模拟。图 8.9 给出了所生成的典型四级配、三级配及其湿筛试件的细观结构图,图中多边形代表骨料。

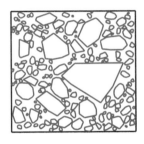 

| (a) 四级配试件 | (b) 三级配试件 | (c) 四级配湿筛试件 | (d) 三级配湿筛试件 |
| (450 mm×450 mm) | (300 mm×300 mm) | (150 mm×150 mm) | (150 mm×150 mm) |

图 8.9　全级配和湿筛混凝土试件的细观结构

对于确定了细观结构的混凝土试件,需对其进行网格剖分,为此,利用 ABAQUS 的前处理模块,并通过 MATLAB 和 PYTHON 混合编程,实现了混凝土细观有限元网格的自动剖分。图 8.10 给出了图 8.9 中(b)、(d)所示试件的有限元网格剖分图,从图中可以看出,细观有限元网格对具有复杂形状的骨料边界实现了精确模拟。需要说明的是,粗骨料和砂浆之间的界面过渡区是在有限元网格剖分过程中引入的,其厚度取为 100 μm[11]。

已有的研究成果表明,界面过渡区可被视为力学弱面,混凝土的拉伸断裂首先是在界面过渡区处产生微裂缝,进而扩展至砂浆,并最终通过微裂缝集聚产生宏观断裂面,在这一过程中,骨料通常不会产生损伤破坏[11]。因此,

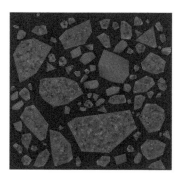　　　　　　

　　　　（a）三级配试件（300 mm×300 mm）　　　　（b）三级配湿筛试件（150 mm×150 mm）

图 8.10　细观有限元网格剖分

在所建立的细观有限元计算模型中，采用线弹性本构模型模拟骨料的力学行为，对于砂浆和界面过渡区，则采用 ABAQUS 中的塑性损伤模型[13]进行模拟。为了体现界面过渡区的"弱面效应"，将其力学参数取为砂浆力学参数的 75%[10]。此外，考虑到大骨料（粒径≥40 mm）周围的界面过渡区相对于小骨料（40 mm＞粒径≥5 mm）周围的界面过渡区更为软弱，模拟中将二者力学参数的比值取为 0.8[14]。为了使得所采用的细观力学参数更为符合实际，依据《混凝土结构设计规范》[15]（GB 50010—2010）中给出的 C20 混凝土单轴受拉应力应变曲线，采用异步粒子群优化算法[15]对砂浆和界面过渡区的主要力学参数（弹性模量、峰值抗拉强度、断裂能）进行了反演，表 8.1 给出了细观有限元分析中采用的主要力学参数。

　　为研究水工全级配和湿筛混凝土的拉伸断裂行为，对所建立的混凝土细观有限元数值试件进行单轴拉伸模拟，模拟中对模型左侧边界施加零位移约束，在模型右侧施加均布水平位移边界条件，最大水平位移为试件边长的 6/1 000（即相当于 600 微应变）。由于混凝土断裂过程中会出现明显的应变软化现象，故为了避免在隐式有限元分析中经常出现的计算不收敛现象，分析采用 ABAQUS/EXPLICIT 显式求解器进行计算，通过试算，位移加载速率取为 5 mm/s，计算结果表明，在此加载速率下可实现准静态断裂过程的模拟。

8.3.2　Monte Carlo 模拟

　　在骨料含量、级配、细观本构模型、力学参数、边界条件与荷载等其他条件均相同的前提下，具有不同随机结构的混凝土细观有限元数值试件一般有着相异的细观断裂机制与宏观应力应变特性。为了消除细观结构随机性对差异分析结果的影响,本章研究中开展了 Monte Carlo 模拟,即对于 8.3.1 节中所述的每一类分析对象(三级配混凝土、三级配湿筛混凝土、四级配混凝土、四级配湿筛混凝土),均分别生成 M 个具有不同随机结构的细观有限元数值试件,进而在相同条件下对这 M 个试件进行数值分析,并以宏观拉伸断裂性能指标的统计均值描述这一类混凝土的拉伸断裂性能。

依据 Monte Carlo 随机试验的基本原理,M(即样本的数量)需要足够大以保证试验结果达到统计收敛。在本研究中,通过分析各类混凝土宏观拉伸断裂性能指标的统计均值随样本数量增加的变化趋势,发现当样本数量超过 30 时,上述指标的统计均值基本上保持不变(达到了统计收敛),因此,取 M 为 30,即共开展 $4 \times 30 = 120$ 次细观有限元分析。对于任一细观有限元分析,均需依据细观分析结果计算宏观拉伸断裂性能指标的量值(拉伸弹性模量 E_t、峰值抗拉强度 f_t、峰值拉伸应变 ε_t 及断裂能 G_f)。

8.3.3　成果分析

在上述基础上,针对上文所述的各类混凝土开展了大量细观有限元分析,图 8.11 分别给出了三级配混凝土、三级配湿筛混凝土、四级配混凝土、四级配湿筛混凝土各试件宏观应力应变曲线及其平均曲线。

从图 8.11 中可以看出,对于同一类混凝土,各试件应力应变曲线在峰前基本保持一致,且总体呈现出线性关系,但在峰后软化段,应力应变曲线有着明显的离散性,表明细观结构对于宏观软化阶段的影响较大,这也验证了在研究中实施 Monte Carlo 模拟的必要性。另一方面,由图 8.11(a)—(d)可以看出,受到骨料含量与级配变化的影响,虽然全级配混凝土与其湿筛混凝土有着不同的宏观拉伸应力应变曲线,但这种差异主要体现在量值上,曲线仍具有类似形状和变化趋势(准脆性断裂过程)。

图 8.12 给出了三级配混凝土 f_t 与 G_f 的均值与样本数量(N)之间的关系曲线。

从图 8.12 中可以看出,随着样本数量的逐渐增大,三级配混凝土 f_t 与 G_f 的均值均逐渐趋于稳定,当 N 超过 20 时,f_t 与 G_f 的均值基本上保持不变。三级配混凝土的其他参数以及其他三类混凝土的参数的均值与样本数量之间关系亦类似,限于篇幅,不再给出。如前所述,本研究中取样本数量为 30,可保证分析结果具有统计代表性。

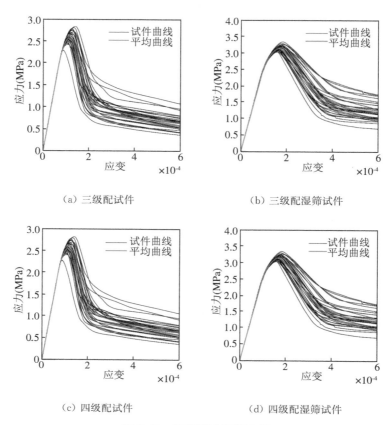

（a）三级配试件 　　　　　　（b）三级配湿筛试件

（c）四级配试件 　　　　　　（d）四级配湿筛试件

图 8.11　宏观应力应变曲线

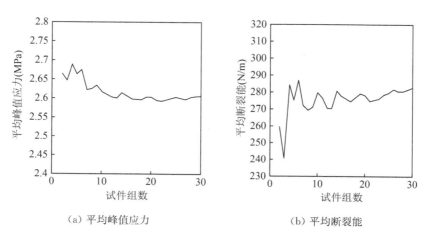

（a）平均峰值应力 　　　　　　（b）平均断裂能

图 8.12　统计均值与样本数量的关系曲线

表 8.4 列出了各类混凝土宏观拉伸断裂参数的统计均值与相应的比值。

表 8.4　宏观拉伸断裂参数指标量值及比值

断裂参数	三级配混凝土			四级配混凝土		
	原级配	湿筛	比值	原级配	湿筛	比值
$G_f(N/m)$	279.08	353.14	0.79	270.99	374.44	0.72
$f_t(MPa)$	2.57	3.15	0.82	2.36	3.15	0.75
$\varepsilon_t(\times 10^{-6})$	112.67	166.67	0.68	96.00	172.50	0.56
$E_t(GPa)$	22.75	18.90	1.20	24.57	18.24	1.35

从表 8.4 中可以看出,与湿筛混凝土相比,原级配(三级配或四级配)混凝土的拉伸弹性模量相对较大,其主要原因是原级配混凝土中的骨料含量较高;而对于具有相同骨料含量的三级配和四级配混凝土,后者的拉伸弹性模量较大,这主要是由于后者骨料级配中的大骨料占比高;相对于三级配湿筛混凝土,四级配湿筛混凝土的拉伸弹性模量略小,主要原因是其骨料含量略低;对于原级配与湿筛混凝土拉伸弹性模量的比值,三级配低于四级配,考虑二者的湿筛混凝土具有相近的拉伸弹性模量,故上述比值的变化主要是由四级配中大骨料占比高引起。换言之,随着骨料粒径的增大和大骨料占比的提高,全级配与湿筛混凝土拉伸弹性模量的差异趋于增大。

对于峰值抗拉强度,与湿筛混凝土相比,原级配混凝土的峰值抗拉强度明显降低,这主要是由于原级配混凝土中存在大骨料,而三级配混凝土的抗拉强度大于四级配混凝土的主要原因亦可归结于此;虽然四级配湿筛混凝土的骨料含量低于三级配湿筛混凝土,但二者的抗拉强度基本相同,这表明相对于骨料含量,骨料粒径对混凝土抗拉强度的影响更为明显;对于原级配与湿筛混凝土抗拉强度的比值,三级配大于四级配,原因主要在于四级配混凝土中含有粒径更大的骨料以及大骨料占比较高。也就是说,随着骨料粒径的增大和大骨料占比的提高,全级配与湿筛混凝土峰值抗拉强度的差异亦趋于增大。

由于原级配混凝土相较于湿筛混凝土具有较大的拉伸弹性模量和较小的峰值抗拉强度,故其峰值拉伸应变较湿筛混凝土更小;从表 8.4 中亦可看出,对于原级配与湿筛混凝土峰值拉伸应变的比值,三级配大于四级配,这与骨料级配变化所导致的拉伸弹性模量与峰值抗拉强度差异的变化规律是一致的,即随着骨料粒径的增大和大骨料占比的提高,全级配与湿筛混凝土峰值拉伸应变的差异趋于增大。

与湿筛混凝土相比,原级配混凝土的断裂能明显降低,其原因主要在于原级配混凝土中存在大骨料及骨料含量占比较高;与三级配湿筛混凝土相比,四级配湿筛混凝土的断裂能相对较大,这是由于其骨料含量相对较小;而与三级配混凝土相比,四级配混凝土的断裂能相对较小,这表明在骨料含量相同的条件下,大骨料占比高将导致断裂能的降低;在上述因素的综合影响下,对于原级配与湿筛混凝土断裂能的比值,三级配大于四级配,即随着骨料粒径的增大和大骨料占比的提高,全级配与湿筛混凝土断裂能的差异趋于增大。

8.4 本章小结

基于湿筛混凝土试验所得的力学指标与全级配混凝土的力学指标之间存在明显差异,本章以第五章所提方法生成细观数值试件,采用 Monte Carlo 法分析骨料级配、骨料含量等因素对拉伸断裂能的影响。主要研究结论如下。

(1)在不同细观结构下,原级配和湿筛混凝土数值试件的软化阶段应力-应变曲线存在明显的差异;原级配和湿筛混凝土的主要拉伸断裂性能指标也存在差异,在不同的宏观强度下,原级配混凝土的拉伸弹性模量均大于湿筛混凝土,而原级配混凝土的峰值抗拉强度、峰值拉伸应变及断裂能则均小于湿筛混凝土;随着宏观强度的提高,原级配和湿筛混凝土拉伸弹性模量的比值减小,峰值拉伸应变的比值增大,而峰值抗拉强度和断裂能的比值则基本保持不变(主要受控于大骨料与中、小骨料周围界面过渡区的抗拉强度与断裂能之比)。

(2)对任意一类原级配或湿筛混凝土,具有不同细观结构的混凝土试件软化阶段的应力-应变曲线存在明显差异,这体现出开展 Monte Carlo 模拟的必要性。对不同骨料含量的原级配和湿筛混凝土,二者弹性模量的比值大于1,峰值抗拉强度、峰值拉伸应变及断裂能的比值均小于1。在骨料含量逐渐增大的情况下,原级配试件和湿筛试件拉伸断裂性能的差异性发生了明显变化,两者拉伸弹性模量的比值呈现出增大的趋势,而峰值拉伸应变及断裂能的比值呈现出减小的趋势,相较于这三者的变化幅度,峰值抗拉强度的比值则基本稳定不变。

(3)骨料级配的变化对全级配与湿筛混凝土的拉伸断裂性能差异有着较

为明显的影响,总体而言,随着骨料粒径的增大和大骨料占比的提高,全级配与湿筛混凝土拉伸断裂性能指标间的差异均趋于增大;针对具体的宏观拉伸断裂性能指标,随着骨料粒径的增大和大骨料占比的提高,拉伸弹性模量的比值(大于 1)增大,峰值抗拉强度、峰值拉伸应变及断裂能的比值(小于 1)减小。

参考文献

［1］ 朱敏敏. 大坝混凝土和湿筛混凝土直接拉伸断裂特性研究［D］. 杭州:浙江工业大学,2011.

［2］ 赵志方,宋柳林,周厚贵,等. 大坝和湿筛混凝土起裂荷载的确定方法［J］. 浙江工业大学学报,2014,42(4):355-358.

［3］ SERRA C,BATISTA A L,AZEVEDO N M. Dam and wet-screened concrete creep in compression:in situ experimental results and creep strains prediction using model B3 and composite models［J］. Materials & Structures,2016,49(11):4831-4851.

［4］ 翟雪. 海水中冻融循环后湿筛混凝土多轴强度的试验研究［D］. 大连:大连理工大学,2006.

［5］ 尹有君. 冻融条件下湿筛大骨料混凝土多轴强度的试验研究［D］. 大连:大连理工大学,2008.

［6］ 陈文耀,郑丹. 全级配与湿筛混凝土抗压强度比值问题的探讨［J］. 长江科学院学报,2010,27(8):58-60.

［7］ 王刚. 大坝及湿筛混凝土拉伸软化本构关系研究［D］. 杭州:浙江工业大学,2015.

［8］ 周继凯,吴胜兴,苏盛,等. 小湾拱坝湿筛混凝土动态弯拉力学特性试验研究［J］. 水利学报,2010,41(1):73-79.

［9］ 王怀亮,宋玉普,曲晓东,等. 大坝原级配混凝土在双轴拉压及三轴拉压压受力状态下的试验研究［J］. 土木工程学报,2007,40(7):104-110.

［10］ XU L,HUANG Y F. Effects of voids on concrete tensile fracturing:a mesoscale study［J］. Advances in Materials Science and Engineering,2017(14):1-14.

［11］ UNGER J F，ECKARDT S. Multiscale Modeling of Concrete[J]. Ar-
chives of Computational Methods in Engineering，2011，18(3)：341-
393.

［12］ 朱亚超，王立成，宋玉普. 混凝土细观单元本构关系研究[J]. 水利与建
筑工程学报，2015，13(6)：89-94.

［13］ ABAQUS Inc. ABAQUS 6. 5 User's Manual［M］. Rhode Island，
USA：ABAQUS Inc. ，2004.

［14］ XU L，JIN Y M，JING S Z，et al. Comparisons of Tensile Fracturing
Behaviors of Hydraulic Fully-graded and Wet-screened Concretes：A
Mesoscale Study[J]. Advances in Materials Science and Engineering，
2018(1)：1-24.

［15］ 中华人民共和国住房和城乡建设部. 混凝土结构设计规范：GB 50010—
2010［S］. 北京：中国建筑工业出版社，2010.

第9章

大骨料混凝土应变局部化中不同粒级粗骨料的作用效应

　　混凝土是典型的准脆性材料,在损伤开裂阶段呈现出明显的软化特征[1-2],在宏观应力应变曲线上表现为峰值点后,随着应变的增大,应力逐渐减小。在细观尺度上,一般将混凝土视为由粗骨料(粒径大于 5 mm)、砂浆以及两者之间的界面过渡区(Interfacial Transition Zone, ITZ)组成的三相复合材料[3]。由于随机分布在砂浆基体中的粗骨料具有不同的粒径、形状、级配和含量,导致混凝土的真实细观(材料)结构极为复杂[4]。混凝土开裂破坏本质上属于多尺度现象,是细观裂纹不断萌生、扩展、集聚和贯通的结果[5-7]。在软化阶段,随着应力的减小,非弹性应变逐渐集中于局部区域,并导致宏观裂缝的产生,这一过程称为应变局部化[8]。应变局部化区域的分布特征与混凝土的细观结构密切相关,并直接影响着混凝土的宏观破坏特性与开裂路径[9]。因此,为在细观尺度上真实模拟混凝土损伤开裂过程,对混凝土细观结构的模拟需达到一定的精度[10-11]。

　　在以混凝土坝为代表的大体积混凝土结构中,通常采用三级配(小石、中石、大石)或四级配(小石、中石、大石、特大石)等大骨料混凝土[12]。与普通混凝土相比,其粗骨料粒径更大,体积含量更高。三级配、四级配混凝土最大骨料粒径分别为 80 mm、150 mm,粗骨料体积含量可达 60%～70%,而普通混凝土最大骨料粒径不超过 40 mm,粗骨料体积含量一般为 40%～50%。此外,为满足统计均匀性的要求,大骨料混凝土细观数值试件所需达到的最小尺寸亦明显大于普通混凝土。上述因素共同导致了在应用以有限元为代表的数值方法开展大骨料混凝土细观分析时计算规模过大[13]，致使大骨料混凝土材料与结构多尺度分析受限于细观计算量过大这一瓶颈[14-15]。由于在细观数值模型中模拟数量众多的小粒径粗骨料是导致大骨料混凝土细观计算规模过大的主要原因之一[16]，因此，一种缩减细观计算规模的可行方法是简化大骨料混凝土的细观结构，即将部分小粒径粗骨料等效至砂浆基体中。但为真实模拟大骨料混凝土的损伤开裂行为，基于简化细观结构模拟所得的应变局部化区域的主要分布特征应与基于完整粗骨料细观结构模拟结果保持一致。为此，有必要揭示不同粒级粗骨料在大骨料混凝土应变局部化中的作用效应，以为合理简化大骨料混凝土细观结构提供参考。

为分析某一粒级粗骨料在大骨料混凝土应变局部化中的作用效应，需对比该粒级粗骨料不同分布条件下（其他粒级粗骨料分布保持不变）应变局部化区域的分布特征。显然，这是采用物理试验手段难以实现的。另一方面，虽然"数值混凝土"已在混凝土计算材料学中得到较为广泛的应用[17-20]，但尚未见到将其应用于探究不同粒级粗骨料在大骨料混凝土应变局部化中作用效应的相关报道。本章以四级配大骨料混凝土为研究对象，首先通过建立具有不同细观结构的细观有限元模型并模拟其损伤开裂过程，分析从细观受损至宏观开裂过程中应变与损伤分布特征的演化规律；在此基础上，通过随机改变细观结构中某一粒级粗骨料分布但保持其他粒级粗骨料分布不变的方法，建立一系列用于探究不同粒级粗骨料在应变局部化过程中作用效应的细观有限元模型，并分别开展相应的损伤开裂过程模拟，以探究四级配混凝土应变局部化中不同粒级粗骨料的作用效应。

9.1 大骨料混凝土细观有限元模型

9.1.1 细观结构重构

基于先生成随机骨料后进行骨料投放的随机取放法[21]，研发了混凝土细观结构随机生成软件 AutoGMC。依据给定的混凝土细观结构控制参数（粗骨料的含量及其形状、粒径、级配等），该软件可自动在任意形状模拟区域内完成圆形或多边形骨料细观结构随机生成。另外，由于混凝土细观结构本质上是三维的，故在生成混凝土试件截面的细观结构过程中，需将混凝土骨料体积含量与级配从三维转换为二维，本章采用 Walraven 公式[22]实现这一转换，如式（9.1）所示。

$$P_c(D < D_0) = P_k[1.065\,(D_0/D_{max})^{0.5} - 0.053\,(D_0/D_{max})^4 -$$

$$0.012\,(D_0/D_{max})^6 - 0.004\,5\,(D_0/D_{max})^8 - 0.002\,5\,(D_0/D_{max})^{10}]$$

$$(9.1)$$

式中：P_c 为二维截面任意点骨料粒径 $D < D_0$ 的概率；D 为骨料粒径，mm；D_0 为筛孔直径，mm；D_{max} 为最大骨料粒径，mm；P_k 为三维骨料（包括粗骨料与细骨料）体积含量。图 9.1 给出了三维骨料体积含量为 75% 条件下不同级配和骨料形状的大骨料混凝土细观结构生成实例。具体方法详见第五章。

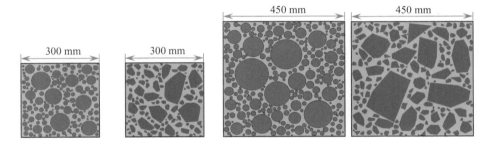

(a) 三级配圆形骨料　(b) 三级配多边形骨料　　(c) 四级配圆形骨料　　(d) 四级配多边形骨料

图 9.1　细观结构生成实例

9.1.2　有限元网格剖分

为对细观结构进行网格剖分以建立细观有限元模型，利用 ABAQUS 前处理模块，通过 MATLAB 和 PYTHON 混合编程编制了混凝土细观结构有限元网格自动剖分程序。具体而言，首先基于模拟区域和各骨料的几何信息，依据 ABAQUS 约定的编写规则[23]，自动生成可被 ABAQUS 前处理模块执行的 PYTHON 脚本；在此基础上，通过 MATLAB 调用 ABAQUS 前处理模块自动完成仅包含骨料与砂浆单元的两相网格剖分；进一步地，为模拟骨料与砂浆之间的界面过渡区，还需收缩前述网格中的骨料边界，以在骨料单元与砂浆单元之间嵌入具有一定厚度（取为 $100\ \mu m$）[24]的界面过渡区（ITZ）单元，从而形成最终的三相网格，如图 9.2 所示。采用上述程序完成了图 9.1 (b)所示细观结构的有限元网格剖分，见图 9.3。

由于混凝土损伤开裂一般从 ITZ 中萌生并向砂浆中扩展，而骨料一般不会发生破坏[25]。因此，本章将骨料视为线弹性材料；采用塑性损伤（CDP）模

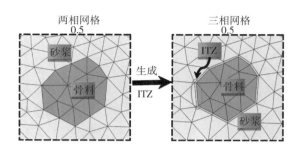

图 9.2　界面过渡区单元生成

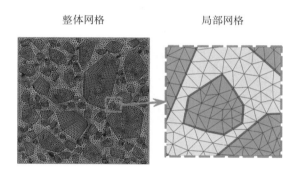

图 9.3　细观有限元网格剖分实例

型[26]作为砂浆与 ITZ 的本构模型,体现两者的非线性力学行为[27,28]。CDP
模型本构详见第五章。

为分析大骨料混凝土损伤开裂过程中应变与损伤分布特征的演化过程,基于 5.2 节所述的混凝土细观结构随机生成软件 AutoGMC 和细观网格自动剖分方法,生成了 3 个具有不同细观结构的四级配大骨料混凝土细观有限元数值试件 A、B 和 C,并分别开展了相同条件下的单轴拉伸断裂过程模拟。三维骨料体积含量 V_a 取为 75%,相应的二维骨料体积含量为 59.87%,骨料级配为特大石:大石:中石:小石 = 0.28:0.28:0.20:0.24。数值试件的细观结构(以试件 A 为例)、尺寸及加载条件见图 9.4。表 9.1 列出了细观各组分的材料参数。图 9.5 为基于数值试验结果所得的宏观均匀化应力应变曲线。

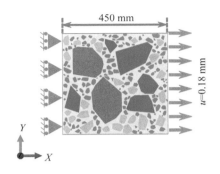

图 9.4　四级配混凝土细观计算模型

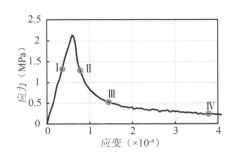

图 9.5　宏观均匀化应力应变曲线

表 9.1　细观材料参数

细观材料	膨胀角	泊松比	弹性模量	峰值抗拉强度	峰值抗压强度	断裂能
	(°)	(—)	(GPa)	(MPa)	(MPa)	(N/m)
骨料	—	0.20	50.00	—	—	—
砂浆	35.00	0.20	25.00	3.00	30.00	340
ITZ	35.00	0.20	18.75	2.25	22.50	255

9.2　大骨料混凝土应变局部化过程分析

　　图 9.6(a)—(d)给出了试件 A 中的砂浆和界面过渡区在不同应力状态下(分别对应于图 9.5 中的点Ⅰ—Ⅳ)的拉伸应变分布,图 9.6(e)—(h)为相应的拉伸损伤分布(为便于观察,图中隐去了未受损伤的单元)。图 9.7 给出了加载完成后试件 B 和 C 中砂浆和界面过渡区的拉伸应变分布及相应的拉伸损伤分布。

　　在峰前段,虽然在细观尺度上,应变表现出了一定程度的非均匀性,但在宏观尺度上,其分布仍是视为均匀的[图 9.6(a)];在峰后软化段,首先在特大石粒级粗骨料与砂浆之间的 ITZ 处出现了较为明显的应变局部化现象[图 9.6(b)],随着加载位移的增大,应变局部化区域逐渐趋于连通并形成贯穿试件的应变局部化区域[图 9.6(c)],加载位移的进一步增大使得应变局部化区域内的应变集中程度进一步增加[图 9.6(d)]。另一方面,如图 9.6(e)—(h)所示,在峰前段,在试件内即已出现呈"弥散"分布特征的受损单元(主要为 ITZ 单元),这与该阶段的应变分布特征一致;在峰后软化段,应变局部化区域的损伤程度不断提高,而试件其他区域损伤状态则保持不变,体现出了损伤演化与应变局部化的直接相关性。

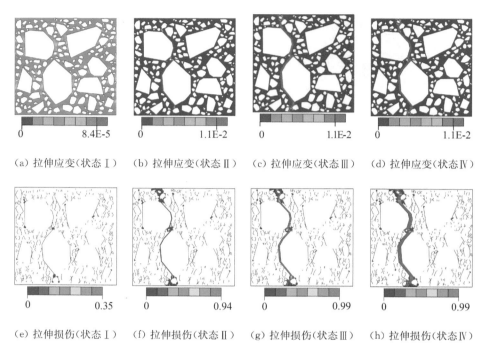

(a) 拉伸应变(状态Ⅰ)　(b) 拉伸应变(状态Ⅱ)　(c) 拉伸应变(状态Ⅲ)　(d) 拉伸应变(状态Ⅳ)

(e) 拉伸损伤(状态Ⅰ)　(f) 拉伸损伤(状态Ⅱ)　(g) 拉伸损伤(状态Ⅲ)　(h) 拉伸损伤(状态Ⅳ)

图 9.6　不同应力状态下拉伸应变与拉伸损伤分布(试件 A)

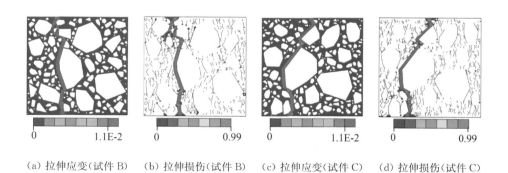

(a) 拉伸应变(试件 B)　(b) 拉伸损伤(试件 B)　(c) 拉伸应变(试件 C)　(d) 拉伸损伤(试件 C)

图 9.7　拉伸应变与拉伸损伤分布(试件 B、C)

从图 9.6 和图 9.7 中可以看出,由于试件 A、B 和 C 具有不同的细观结构,故其在受拉过程中,损伤开裂沿不同路径发展,致使应变局部化区域分布存在明显差异;但另一方面,对于不同的细观结构,应变局部化均主要发生在大粒径粗骨料尤其是特大石粒级粗骨料与砂浆间的界面过渡区处,表明大骨料混凝土应变局部化区域的分布主要受到以特大石为代表的大粒径粗骨料在试件内的形状和位置的影响,特大石粒级粗骨料在很大程度上控制着应变局部化区域的主要分布特征。

9.3　不同粒级粗骨料的作用效应

在上述基础上,为进一步分别分析小石、中石和大石粒级粗骨料在应变局部化中的作用效应,以试件 A 为例,在其细观结构(下称原结构)的基础上,通过随机改变上述某一粒级粗骨料分布(形状和位置)但保持其他三个粒级粗骨料分布不变的方法,形成 3 种不同的新细观结构并开展与原结构相同条件下的单轴拉伸断裂过程模拟。

图 9.8 给出了具有不同小石粒级粗骨料分布的 3 种新结构的拉伸应变分布,对比图 9.8 与图 9.6(d)可以发现,在不同的小石粒级粗骨料分布下,应变局部化区域在试件内的位置基本相同,即小石粒级粗骨料分布的变化并未改变应变局部化区域分布的主要特征,这说明小石粒级粗骨料在应变局部化中的作用很小。图 9.9 给出了包括原结构在内的不同小石粒级粗骨料分布条件下的宏观应力应变曲线,可以看出,无论是峰前段还是软化段,均非常接近,这与上述应变局部化区域分布基本相同的现象吻合。

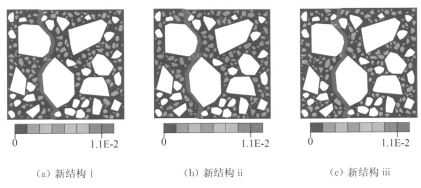

(a) 新结构 i　　　　　　(b) 新结构 ii　　　　　　(c) 新结构 iii

图 9.8　不同小石粒级粗骨料分布下的拉伸应变分布

与原结构相比,中石粒级粗骨料分布改变后的应变局部化区域分布发生了不同程度的变化,原因不仅在于部分中石粒级粗骨料与砂浆间的界面过渡区直接参与形成贯通的应变局部化区域[图 9.10(a)—(c)],还在于中石粒级

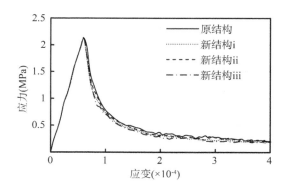

图 9.9　宏观应力应变曲线对比（小石粒级）

粗骨料分布的变化可间接通过对细观应力应变状态的影响改变大粒径粗骨料边界处的应变局部化区域分布［图 9.10(b)］，表明中石粒级粗骨料在应变局部化区域形成过程中有着较为明显的作用效应。此外，应变局部化区域分布的变化越大，宏观开裂破坏行为的差异就越明显（图 9.11），说明了真实模拟应变局部化区域主要分布特征的重要性。

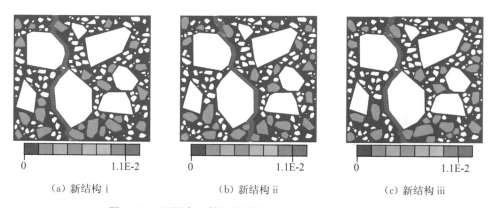

（a）新结构 i　　　　　　　（b）新结构 ii　　　　　　　（c）新结构 iii

图 9.10　不同中石粒级粗骨料分布下的拉伸应变分布

对比图 9.6(d)与大石粒级粗骨料分布改变后的拉伸应变分布（图 9.12），可以看出，大石粒级粗骨料分布的变化不仅可通过对细观应力应变状态的影响间接改变应变局部化区域的分布［图 9.12(b)］，亦可直接与特大石粒级粗骨料共同控制着应变局部化区域的主要分布特征［图 9.12(c)］，表明大石粒级粗骨料在应变局部化中的作用效应明显。此外，不同大石粒级粗骨料分布条件下的宏观应力应变曲线对比（图 9.13）再次体现了应变局部化区域主要

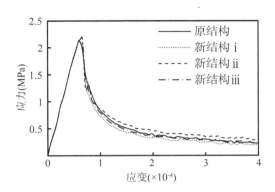

图 9.11　宏观应力应变曲线对比(中石粒级)

分布特征与混凝土宏观开裂破坏行为间的直接相关性。

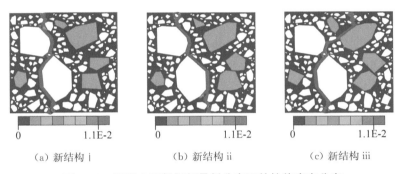

（a）新结构 i　　　　　　　　（b）新结构 ii　　　　　　　　（c）新结构 iii

图 9.12　不同大石粒级粗骨料分布下的拉伸应变分布

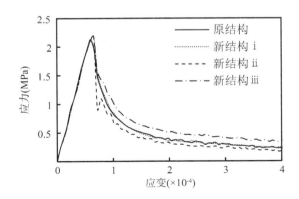

图 9.13　宏观应力应变曲线对比(大石粒级)

9.4　本章小结

应变局部化区域分布直接影响着混凝土的宏观破坏特性与开裂路径,并与混凝土细观材料结构密切相关。本章以四级配大骨料混凝土为研究对象,探究了不同粒级粗骨料在其损伤开裂应变局部化过程中的作用效应。主要研究结论如下。

（1）虽然大骨料混凝土局部化区域分布具有随机性,但主要发生在大粒径粗骨料尤其是特大石粒级粗骨料与砂浆间的界面过渡区处,表明特大石粒级粗骨料在很大程度上控制着应变局部化区域的主要分布特征。

（2）改变大石或中石粒级粗骨料分布均可能导致应变局部化区域主要分布特征的变化,原因在于大石和中石粒级粗骨料可直接或间接在应变局部化区域形成过程中发挥明显作用。

（3）不同小石粒级粗骨料分布条件下的应变局部化区域基本一致,表明小石粒级粗骨料在应变局部化中的作用效应微弱。

（4）应变局部化区域的主要分布特征与混凝土宏观开裂破坏行为直接相关,研究成果可为在建立大骨料混凝土的细观计算模型中合理简化其细观结构提供参考。

参考文献

［1］金永苗,徐磊,陈在铁,等. 界面过渡区力学特性对水工混凝土断裂性能的影响[J]. 三峡大学学报(自然科学版),2019,41(3):1-5.

［2］CEN W J, WEN L S, ZHANG Z Q, et al. Numerical simulation of seismic damage and cracking of concrete slabs of high concrete face rockfill dams[J]. Water Science and Engineering, 2016,9(3):205-211.

［3］任青文,殷亚娟,沈雷. 混凝土骨料随机分布的分形研究及其对破坏特性的影响[J]. 水利学报,2020,51(10):1267-1277+1288.

［4］XU Y, CHEN S H. A method for modeling the damage behavior of concrete with a three-phase mesostructure[J]. Construction and Building Materials, 2016,102:26-38.

［5］ SUN B，LI Z X. Multi-scale modeling and trans-level simulation from material meso-damage to structural failure of reinforced concrete frame structures under seismic loading［J］. Journal of Computational Science，2016，12：38-50.

［6］ 吴贞杰，夏晓舟，章青. 黏聚单元嵌入技术及其在混凝土细观分析模型中的应用［J］. 河海大学学报（自然科学版），2017，45(6)：535-542.

［7］ 胡江，苏怀智，马福恒，等. 基于三维微-细观尺度模型的混凝土力学性能研究［J］. 河海大学学报（自然科学版），2014，42(4)：321-326.

［8］ 陶慕轩，赵继之. 采用通用有限元程序的弥散裂缝模型和分层壳单元模拟钢筋混凝土构件裂缝宽度［J］. 工程力学，2020，37(4)：165-177.

［9］ 王靖荣，陈有亮，傅喻. 冻融环境下不同预制裂缝混凝土断裂性能研究［J］. 水资源与水工程学报，2019，30(2)：178-185.

［10］ SKARZYNSKI Ł，NITKA M，TEJCHMAN J. Modelling of concrete fracture at aggregate level using FEM and DEM based on X-rayμCT images of internal structure［J］. Engineering Fracture Mechanics，2015，147：13-35.

［11］ 李强，任青文. 基于开裂区平均化方法的混凝土开裂特性［J］. 河海大学学报（自然科学版），2016，44(3)：226-232.

［12］ MA H F，XU W X，LI Y C. Random aggregate model for mesoscopic structures and mechanical analysis of fully-graded concrete［J］. Computers & Structures，2016，177：103-113.

［13］ QIN X N，GU C S，SHAO C F，et al. Numerical analysis of fracturing behavior in fully-graded concrete with oversized aggregates from mesoscopic perspective ［J］. Construction and Building Materials，2020，253：1-17.

［14］ REZAKHANI R，ZhouXinwei，CUSATIS G. Adaptive multiscale homogenization of the lattice discrete particle model for the analysis of damage and fracture in concrete［J］. International Journal of Solids and Structures，2017，125：50-67.

［15］ 刘东海，赵梦麒. 心墙沥青混凝土压实 PFC 模拟细观参数反演［J］. 河海大学学报（自然科学版），2020，48(1)：53-59.

［16］ 丁建新，陈胜宏. 全级配混凝土细观力学网格划分的单元切割法与等

效弹模的计算[J]. 武汉大学学报（工学版），2017，50(5)：641-647.

[17] CAGGIANO A，SCHICCHI D S，MANKEL C，et al. A mesoscale approach for modeling capillary water absorption and transport phenomena in cementitious materials[J]. Computers & Structures，2018，200：1-10.

[18] DU X L，JIN L，MA G W. Numerical simulation of dynamic tensile failure of concrete at meso-scale[J]. International Journal of Impact Engineering，2014，66(4)：5-17.

[19] JIN L，YU W X，DU X L，et al. Meso-scale modelling of the size effect on dynamic compressive failure of concrete under different strain rates[J]. International Journal of Impact Engineering，2019，125：1-12.

[20] YANG H，XIE S Y，SECQ J，et al. Experimental study and modeling of hydromechanical behavior of concrete fracture[J]. Water Science and Engineering，2017，10(2)：97-106.

[21] WANG Z M，KWAN A K H，CHAN H C. Mesoscopic study of concrete I：Generation of random aggregate structure and finite element mesh[J]. Computers & Structures，1999，70(5)：533-544.

[22] WALRAVEN J，REINHARDT H. Theory and experiments on the mechanicalbehaviour of cracks in plain and reinforced concrete subjected to shear loading [J]. HERON，1981，26(1A)：26-33.

[23] HIBBIT K. ABAQUS/Standard User's Manual[M]. USA：HKS Co.，Ltd，2002.

[24] XU L，HUANG Y F. Effects of voids on concrete tensile fracturing：a mesoscale study[J]. Advances in Materials Science and Engineering，2017，2017：1-14.

[25] HUANG Y J，YANG Z J，REN W Y，et al. 3D meso-scale fracture modelling and validation of concrete based on in-situ X-ray Computed Tomography images using damage plasticity model[J]. International Journal of Solids and Structures，2015，67：340-352.

[26] LUBLINER J，OLIVER J，OLLER S，et al. A plastic-damage model for concrete[J]. International Journal of Solids and Structures，1989，

25(3)：299-326.

［27］ WANG X F，ZHANG M Z，JIVKOV A P. Computational technology for analysis of 3D meso-structure effects on damage and failure of concrete［J］. International Journal of Solids and Structures，2016，80：310-333.

［28］ CHEN H B，XU B，MO Y L，et al. Behavior of meso-scale heterogeneous concrete under uniaxial tensile and compressive loadings［J］. Construction and Building Materials，2018，178：418-431.

第 10 章
基于双重网格的混凝土自适应宏细观协同有限元分析方法

混凝土是典型的随机多尺度准脆性材料[1]，在细观尺度上，通常被视为由（粗）骨料、砂浆及两者之间的界面过渡区（Interfacial Transition Zone，ITZ）构成的三相非均匀复合材料[2-4]。虽然在弹性阶段，可将混凝土作为均匀材料并采用宏观本构模型描述其受力变形行为[5]，但在损伤开裂阶段，基于"均匀性"假定的宏观本构模型难以准确描述混凝土复杂的非线性力学行为[6]，主要原因是混凝土的损伤开裂演化与其细观材料结构直接相关，表现出明显的随机、非均匀、局部化与跨尺度特征。因此，准确分析混凝土从细观裂纹萌生、扩展、集聚至宏观裂缝形成这一复杂过程需要考虑其细观材料结构[7-8]。

理论上，虽然直接建立混凝土结构的细观计算模型可以充分体现细观材料结构对宏观结构行为的影响，但却由于该方法对计算资源的极高要求而难以实施[9]。另一方面，实际混凝土结构中一般仅有范围较小的局部区域（损伤区）会进入非线性阶段，而其他大部分区域（弹性区）则处于弹性阶段[10]，如图10.1所示。因此，为兼顾分析精度与效率，一种可行方法是在细观尺度下建立损伤区计算模型，在宏观尺度下建立弹性区计算模型，并通过尺度连接将上述不同尺度下的局部计算模型连接起来以形成整体宏细观协同计算模型（见图10.1），从而用相对较少的计算资源实现混凝土结构跨尺度损伤开裂演化过程的准确分析。

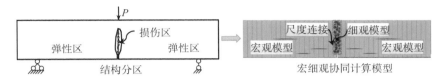

图 10.1　结构分区与宏细观协同计算模型示意图

Eckardt 和 Könke[11]采用约束方程法实现宏细观尺度连接,在有限单元法框架内提出了混凝土损伤分析的非均匀多尺度方法;Unger 和 Eckardt[12]对比分析了约束方程法、Mortar 法及 Arlequin 法等尺度连接方法的优缺点,建立了混凝土自适应宏细观协同多尺度计算模型,但所采用的以最大拉应力为指标的分析尺度转换准则不适用于复杂应力状态;Lloberas-Valls 和 Rixen等[13]在区域分解法框架内,对比分析了区域间非重叠网格的强、弱尺度连接方法,并提出了一种改进的弱尺度连接方法;Sun 和 Li[14]在通过采用均匀宏观网格简化宏-细观界面动态调整的基础上模拟了混凝土柱在动力荷载作用下的自适应跨尺度破坏过程。为简化细观建模、便于形成非重叠网格与实施宏-细观尺度连接,以上方法均采用了均匀规则的宏观网格。Rodrigues 和Manzoli 等[15]实现了基于非协调重叠网格的宏-细观尺度连接,但需在协同计算模型中引入专门用于施加位移约束的耦合单元,增加了数值实施的难度。

本章提出了一种基于双重网格的混凝土自适应宏细观协同有限元分析方法,基本思路是通过布置独立剖分的两套有限元网格,在分析域内分别形成将混凝土视为均匀材料的宏观(尺度)模型和非均匀材料的细观(尺度)模型;通过提出基于 Ottosen 多轴强度准则[16]的分析尺度自适应转换准则,在分析过程中动态更新宏细观协同有限元模型;通过提出基于形函数插值的多点位移约束方法,实现宏细观非协调重叠网格连接;在此基础上,给出了基于双重网格的混凝土自适应宏细观协同有限元求解流程,并在 MATLAB 平台上完成了程序开发。算例分析表明,采用本章所提出的方法可在兼顾效率与精度的前提下,实现考虑细观材料结构的混凝土损伤开裂跨尺度演化过程自适应分析。

10.1　混凝土细观有限元模型

为了应用有限单元法开展细观尺度下的混凝土损伤开裂分析,首先需要建立混凝土细观有限元模型,主要涉及细观结构模拟、有限元网格剖分和细观力学模型等3个方面,分述如下。

10.1.1　细观结构模拟

混凝土在细观尺度上的材料结构主要取决于(粗)骨料的形状及其含量、粒径、级配等控制参数。基于先生成随机骨料后进行骨料投放的随机取放法[17],研发了混凝土细观结构随机生成软件 AutoGMC。对于任意形状的模拟区域,该软件可依据给定的控制参数在模拟区域内完成圆形或多边形骨料细观结构的随机生成,其中,圆形骨料可用于近似模拟天然(卵石)骨料,多边形骨料可用于模拟人工(碎石)骨料。图 10.2 给出了不同试件形状和结构型式下的细观结构生成实例。

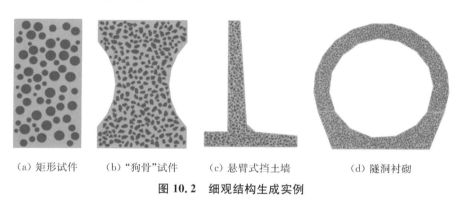

（a）矩形试件　　　（b）"狗骨"试件　　　（c）悬臂式挡土墙　　　（d）隧洞衬砌

图 10.2　细观结构生成实例

10.1.2　有限元网格剖分

为建立细观有限元模型,需对混凝土细观结构进行网格剖分,本章利用 ABAQUS 前处理模块,通过 MATLAB 和 PYTHON 混合编程开发了混凝土细观有限元网格自动剖分程序。具体而言,首先基于模拟区域和骨料的几何信息,依据 ABAQUS 规定的编写规则[18],由程序自动编写可被 ABAQUS 前处理模块执行的 PYTHON 脚本;进一步地,通过 MATLAB 调用 ABAQUS 前处理模块生成仅包含骨料与砂浆单元的两相网格;在此基础上,为模拟骨料与砂浆之间的 ITZ,收缩两相网格中的骨料边界,并在骨料单元与砂浆单元之间嵌入具有一定厚度(取为 100 μm)[19] 的 ITZ 单元,从而形成最终的三相网格,如图 10.3 所示。由于在砂浆单元与骨料单元间插入的 ITZ 单元所占据的空间是原两相网格有限元模型中骨料单元的一部分,故为保证三相网格有限元模型中的骨料粒径与要求的一致,应在细观结构生成过程中,将界面过渡区作为骨料的一部分,即通过增大骨料粒径的方式使得骨料在细观结构中占据的空间既包括骨料自身,又包括骨料周围的界面过渡区。采用上述程序完成了图 10.2(c)所示细观结构的有限元网格剖分,见图 10.4。

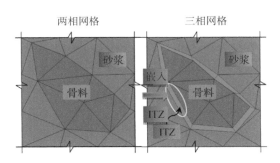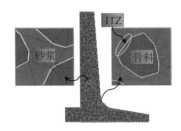

图 10.3　界面过渡区单元生成　　图 10.4　细观有限元网格剖分实例

对于混凝土细观各相材料,还需确定其适用的本构模型。由于普通混凝土损伤开裂通常是在 ITZ 中萌生并向砂浆中扩展,而(硬)骨料一般不会发生破坏[20]。因此,可将骨料视为线弹性材料,但需考虑砂浆与界面过渡区的非线性力学行为[21-22]。本章采用塑性损伤模型(CDP 模型)[23]作为砂浆与 ITZ 的本构模型。应力应变关系表达式如下:

$$\sigma = (1-d)D_0^{el} : (\varepsilon - \varepsilon^{pl}) \tag{10.1}$$

式中:σ 为 Cauchy 应力;d 为损伤变量;D_0^{el} 为初始弹性张量;ε 为应变张量;ε^{pl} 为塑性应变张量,其增量($d\varepsilon^{pl}$)表达式如式(10.2)所示。

$$d\varepsilon^{pl} = \lambda \frac{\partial G(\bar{\sigma})}{\partial \bar{\sigma}} \tag{10.2}$$

式中:λ 为塑性乘子;$G(\bar{\sigma})$ 为以有效应力张量 $\bar{\sigma}$($\bar{\sigma} = \frac{\sigma}{1-d}$)为变量的塑性势函数,如式(10.3)所示。

$$G(\bar{\sigma}) = \sqrt{(\omega\sigma_{t0}\tan\psi)^2 + 3J_2} + \frac{I_1}{3}\tan\psi \tag{10.3}$$

式中:ω 为偏心率,用于描述塑性势函数向其渐近线逼近的速度,一般可取为 0.1;σ_{t0} 为单轴抗拉强度;ψ 为膨胀角;J_2 为有效应力张量偏量的第二不变量；I_1 为有效应力张量的第一不变量。

CDP 模型采用如下形式的屈服函数：

$$F(\bar{\sigma}, \widetilde{\varepsilon}^{\mathrm{pl}}) = \frac{1}{1-\alpha}(\sqrt{3J_2} + \alpha I_1 + \beta(\widetilde{\varepsilon}^{\mathrm{pl}})\langle \hat{\bar{\sigma}}_{\max} \rangle - \gamma \langle -\hat{\bar{\sigma}}_{\max} \rangle) - \bar{\sigma}_{\mathrm{c}}(\widetilde{\varepsilon}_{\mathrm{c}}^{\mathrm{pl}})$$

(10.4)

式中：$\widetilde{\varepsilon}^{\mathrm{pl}} = [\widetilde{\varepsilon}_{\mathrm{t}}^{\mathrm{pl}} \widetilde{\varepsilon}_{\mathrm{c}}^{\mathrm{pl}}]^{\mathrm{T}}$，$\widetilde{\varepsilon}_{\mathrm{t}}^{\mathrm{pl}}$、$\widetilde{\varepsilon}_{\mathrm{c}}^{\mathrm{pl}}$ 分别为拉伸、压缩等效塑性应变，上标"T"表示转置；$\hat{\bar{\sigma}}_{\max}$ 为最大有效主应力（以拉为正）；$\bar{\sigma}_{\mathrm{c}}(\widetilde{\varepsilon}_{\mathrm{c}}^{\mathrm{pl}})$ 为单轴有效压应力，其量值随压缩等效塑性应变的变化而变化；α 和 γ 为无量纲材料参数，对于普通混凝土，分别可取 0.12 和 3.0；$\langle \cdot \rangle$ 为 Macaulay 括号，$\langle x \rangle = \frac{1}{2}(|x| + x)$；$\beta(\widetilde{\varepsilon}^{\mathrm{pl}})$ 的计算表达式如式（10.5）所示。

$$\beta(\widetilde{\varepsilon}^{\mathrm{pl}}) = \frac{\bar{\sigma}_{\mathrm{c}}(\widetilde{\varepsilon}_{\mathrm{c}}^{\mathrm{pl}})}{\bar{\sigma}_{\mathrm{t}}(\widetilde{\varepsilon}_{\mathrm{t}}^{\mathrm{pl}})}(1-\alpha) - (1+\alpha)$$

(10.5)

式中：$\bar{\sigma}_{\mathrm{t}}(\widetilde{\varepsilon}_{\mathrm{t}}^{\mathrm{pl}})$ 为单轴有效拉应力，其量值随拉伸等效塑性应变的变化而变化。

引入拉伸、压缩损伤因子 d_{t}、d_{c} 分别表征拉伸、压缩损伤导致的刚度退化，其量值分别随拉伸、压缩等效塑性应变的变化而变化。进一步考虑应力反向后的刚度恢复效应，即可给出复杂应力状态下 d 与 d_{t}、d_{c} 之间的关系式：

$$d = 1 - (1 - s_{\mathrm{t}}d_{\mathrm{c}})(1 - s_{\mathrm{c}}d_{\mathrm{t}})$$

(10.6)

式中：s_{t}、s_{c} 的取值与应力状态相关[24]。单轴受拉时，$s_{\mathrm{t}} = 0$，$s_{\mathrm{c}} = 1$，故 $d = d_{\mathrm{t}}$；单轴受压时，$s_{\mathrm{c}} = 0$，$s_{\mathrm{t}} = 1$，故 $d = d_{\mathrm{c}}$。

为便于建立 $\bar{\sigma}_{\mathrm{t}}$ 与 $\widetilde{\varepsilon}_{\mathrm{t}}^{\mathrm{pl}}$、$\bar{\sigma}_{\mathrm{c}}$ 与 $\widetilde{\varepsilon}_{\mathrm{c}}^{\mathrm{pl}}$ 以及 d_{t} 与 $\widetilde{\varepsilon}_{\mathrm{t}}^{\mathrm{pl}}$、$d_{\mathrm{c}}$ 与 $\widetilde{\varepsilon}_{\mathrm{c}}^{\mathrm{pl}}$ 之间的关系，引入拉伸开裂应变 $\widetilde{\varepsilon}_{\mathrm{t}}^{\mathrm{ck}}$ 与非弹性压缩应变 $\widetilde{\varepsilon}_{\mathrm{c}}^{\mathrm{in}}$，$\widetilde{\varepsilon}_{\mathrm{t}}^{\mathrm{ck}} = \varepsilon_{\mathrm{t}} - \sigma_{\mathrm{t}}/E_0$，$\widetilde{\varepsilon}_{\mathrm{c}}^{\mathrm{in}} = \varepsilon_{\mathrm{c}} - \sigma_{\mathrm{c}}/E_0$，$\varepsilon_{\mathrm{t}}$、$\varepsilon_{\mathrm{c}}$ 分别为单轴应力状态下的拉、压应变；σ_{t}、σ_{c} 分别为单轴应力状态下的拉、压应力，E_0 为初始弹性模量。在此基础上，即可给出 $\widetilde{\varepsilon}_{\mathrm{t}}^{\mathrm{ck}}$ 与 $\widetilde{\varepsilon}_{\mathrm{t}}^{\mathrm{pl}}$、$\widetilde{\varepsilon}_{\mathrm{c}}^{\mathrm{in}}$ 与 $\widetilde{\varepsilon}_{\mathrm{c}}^{\mathrm{pl}}$ 之间的换算关系，分别见式（10.7）、式（10.8）。

$$\widetilde{\varepsilon}_{\mathrm{t}}^{\mathrm{pl}} = \widetilde{\varepsilon}_{\mathrm{t}}^{\mathrm{ck}} - \frac{d_{\mathrm{t}}}{(1 - d_{\mathrm{t}})} \frac{\sigma_{\mathrm{t}}}{E_0}$$

(10.7)

$$\widetilde{\varepsilon}_{\mathrm{c}}^{\mathrm{pl}} = \widetilde{\varepsilon}_{\mathrm{c}}^{\mathrm{in}} - \frac{d_{\mathrm{c}}}{(1 - d_{\mathrm{c}})} \frac{\sigma_{\mathrm{c}}}{E_0}$$

(10.8)

　　由式(10.7)、式(10.8)可知,在 σ_t 与 $\tilde{\varepsilon}_t^{ck}$ 、σ_c 与 $\tilde{\varepsilon}_c^{in}$ 之间关系已知的条件下,即可获取 σ_t 与 $\tilde{\varepsilon}_t^{pl}$ 、σ_c 与 $\tilde{\varepsilon}_c^{pl}$ 之间的关系;类似地,d_t 与 $\tilde{\varepsilon}_t^{pl}$ 、d_c 与 $\tilde{\varepsilon}_c^{pl}$ 之间的关系可由 d_t 与 $\tilde{\varepsilon}_t^{ck}$ 、d_c 与 $\tilde{\varepsilon}_c^{in}$ 之间的关系推求。对于 σ_t 与 $\tilde{\varepsilon}_t^{ck}$ 、σ_c 与 $\tilde{\varepsilon}_c^{in}$ 之间的关系,可分别基于单轴拉伸、压缩应力应变试验曲线或规范曲线[25]直接确定;而对于 d_t 与 $\tilde{\varepsilon}_t^{pl}$ 、d_c 与 $\tilde{\varepsilon}_c^{pl}$ 之间的关系,则可通过规定 $\tilde{\varepsilon}_t^{pl}$ 与 $\tilde{\varepsilon}_t^{ck}$ 、$\tilde{\varepsilon}_c^{pl}$ 与 $\tilde{\varepsilon}_c^{in}$ 之间的比例系数来确定[26];σ_t 单轴抗拉强度与 σ_c 单轴抗压强度通过经验公式来确定[27];在上述基础上,即可确定 σ_t 与 $\tilde{\varepsilon}_t^{pl}$ 、σ_c 与 $\tilde{\varepsilon}_c^{pl}$ 之间的关系。另一方面,为避免拉伸断裂有限元分析的单元网格尺寸依赖性,可通过给定 σ_t 与开裂位移 u^{ck} 关系[28]或给定断裂能的方式[29]以保证在不同单元网格尺寸下的能量耗散客观性。此外,在应用 CDP 模型模拟特定材料的本构行为时,除了要确定上述关系外,尚需给定 E_0 、μ(泊松比)、ψ 等参数的取值。

10.2　宏细观协同有限元分析方法

　　为了在兼顾效率与精度的前提下准确分析混凝土损伤开裂的跨尺度演化过程,提出一种基于双重网格的混凝土自适应宏细观协同有限元分析方法,详述如下。

10.2.1　基于双重网格的宏细观协同有限元模型

　　如图 10.5(a)所示,为建立宏细观协同有限元模型,在分析域内布置两套有限元网格,分别为宏观(尺度)网格和细观(尺度)网格,故称双重网格。宏观网格和细观网格独立剖分,在剖分宏观网格时,混凝土被视为均匀线弹性材料,而在剖分细观网格时,则将混凝土视为由(粗)骨料、砂浆和界面过渡区组成的非均匀材料。在此基础上,将线弹性本构模型及参数赋予宏观网格中的各单元,即可形成分析域的宏观有限元模型;类似地,将细观各组分的本构模型和参数赋予细观网格中的相应单元,即可形成分析域的细观有限元模型。

　　如图 10.5(b)所示,在宏细观协同分析中,仅有部分宏观模型被作为整体模型的一部分,其余部分则被替换为与之相应的细观模型,从而形成宏细观协同分析整体有限元模型;上述协同模型需依据分析对象受力状态变化动态更新,具体而言,当某宏观单元内任一积分点的应力满足分析尺度自适应转换准则(详见 10.2.2 节)时,即需将该宏观单元从协同模型中消除并激活与之相应的细观单元集合。

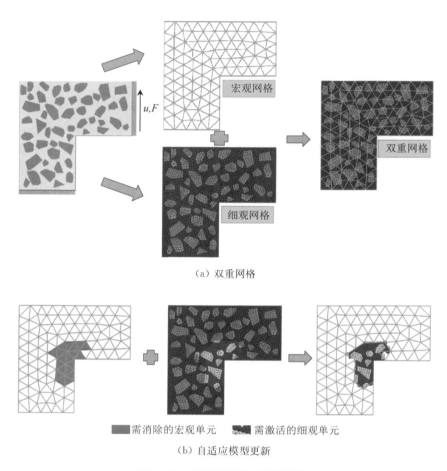

（a）双重网格

■需消除的宏观单元　　■需激活的细观单元

（b）自适应模型更新

图 10.5　宏细观协同有限元模型

由于宏观网格和细观网格的剖分密度差异通常很大且剖分过程相互独立，故在宏细观协同有限元模型中，宏观模型与细观模型连接处的有限元网格不但是非协调的，而且会出现一定程度的重叠现象。因此，为实现协同有限元分析，需通过非协调重叠网格连接（详见 10.2.3 节）来保证宏观模型与细观模型连接处的变形协调[15]。

10.2.2　自适应尺度转换

混凝土结构的不均匀应力分布与混凝土材料的应变软化特性决定了在混凝土结构宏细观协同有限元分析中，仅需对部分区域（损伤区）开展细观尺度分析[30]。但由于实际混凝土结构受力状态的复杂性,通常无法在分析前准确确定损伤区的位置与范围[31-32],故需在分析过程中依据结构当前受力状态确定需要将分析尺度从宏观转换为细观的区域并动态更新宏细观协同有限元模型,这一过程即为分析尺度的自适应转换。

为在分析过程中实现分析尺度的自适应转换,本章基于 Ottosen 多轴强度准则[16],提出了以积分点应力为指标的混凝土自适应宏细观尺度转换准则,如下式所示:

$$f(s\tilde{\sigma}_{\text{macro}}) \geqslant 0 \tag{10.9}$$

式中:$\tilde{\sigma}_{\text{macro}}$ 为宏观单元积分点应力张量;s 为大于 1 的应力放大系数,引入该系数可将损伤区周边一定范围内的弹性区亦作为细观尺度分析区域的一部分,目的在于减小宏细观非协调重叠网格对分析精度的不利影响。令 $\tilde{\sigma}_{\text{macro}}^{*} = s\tilde{\sigma}_{\text{macro}}$,可基于 Ottosen 多轴强度准则给出 $f(\tilde{\sigma}_{\text{macro}}^{*})$ 的具体表达式

$$f(\tilde{\sigma}_{\text{macro}}^{*}) = C_1\xi + C_2 r(\theta) + C_3\rho^2 - 1 \tag{10.10}$$

式中:$\rho = \sqrt{[(\sigma_1^* - \sigma_2^*)^2 + (\sigma_2^* - \sigma_3^*)^2 + (\sigma_1^* - \sigma_3^*)^2]/3}$;$\xi = (\sigma_1^* + \sigma_2^* + \sigma_3^*)/\sqrt{3}$,$\sigma_i^*$($i = 1, 2, 3$) 为 $\tilde{\sigma}_{\text{macro}}^{*}$ 的主值;C_1、C_2 和 C_3 为强度参数,可依据混凝土单轴抗拉、抗压强度 f_t、f_c 以及双轴抗压强度 f_b 推求[10];$r(\theta)$ 为控制偏平面上强度包络线形状的参数,其计算公式如式(10.11)所示。

$$r(\theta) = \begin{cases} \cos\left[\dfrac{1}{3}\arccos(K\cos3\theta)\right] & \cos3\theta \geqslant 0 \\ \cos\left[\dfrac{\pi}{3} - \dfrac{1}{3}\arccos(-K\cos3\theta)\right] & \cos3\theta < 0 \end{cases} \tag{10.11}$$

式中:θ 为应力 Lode 角;K 为形状因子,可按式(10.12)计算。

$$K = 1 - 6.8(f_t/f_c - 0.07)^2 \tag{10.12}$$

基于上述自适应宏细观尺度转换准则,即可在某一增量步迭代收敛后,依据各宏观单元的当前应力状态判断是否存在需要进行分析尺寸转换的宏观单元,若存在,则表明当前宏细观协同有限元模型的宏细观区域划分与应力计算结果不符,需要更新宏细观协同有限元模型并重新进行该增量步的迭代求解;反之,若不存在要进行分析尺寸转换的宏观单元,则表明当前模型的宏细观区域划分与应力计算结果相符,可进行下一个增量步的迭代求解。

10.2.3 非协调重叠网格连接

在基于双重网格的混凝土宏细观协同有限元模型中,细观模型网格的外围结点位于宏观单元内部,致使宏细观模型的有限元网格间存在重叠现象。为保证宏观模型与细观模型之间的变形协调,本章提出基于形函数插值的多点位移约束法来实现宏细观非协调重叠网格之间的连接。为简明计,以宏观三结点三角形单元为例,以阐明该方法的基本思想。

如图 10.6 所示,细观模型某外围结点 P 位于宏观模型与细观模型连接处的某宏观单元 e 内部,其位置坐标为(x_p, y_p)。宏观单元 e 各结点在平面直角坐标系(x, y)中的 x、y 向位移分别为 u_i、v_i,$i=1, 2, 3$。

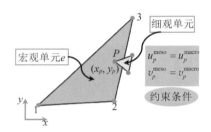

图 10.6 非协调重叠网格连接的多点位移约束法

将宏观单元 e 内位于细观结点 P 处的位移 u_p^{macro} 和 v_p^{macro} 表示为结点位移的函数:

$$u_p^{\mathrm{macro}} = \sum_{i=1}^{3} N_i(x_p, y_p) u_i \tag{10.13}$$

$$v_p^{\mathrm{macro}} = \sum_{i=1}^{3} N_i(x_p, y_p) v_i \tag{10.14}$$

式中:$N_i(x_p, y_p)$ 为宏观单元 e 在 P 点处的形函数(插值基函数)值。

在式(10.13)和式(10.14)的基础上,为保证宏观模型与细观模型的变形协调,令细观结点 P 的 x 向位移 $u_p^{\mathrm{meso}} = u_p^{\mathrm{macro}}$、$y$ 向位移 $v_p^{\mathrm{meso}} = v_p^{\mathrm{macro}}$,即可形成如下基于形函数插值的多点位移约束方程:

$$\sum_{i=1}^{3} N_i(x_p, y_p) u_i - u_p^{\mathrm{meso}} = 0 \tag{10.15}$$

$$\sum_{i=1}^{3} N_i(x_p, y_p) v_i - v_p^{meso} = 0 \qquad (10.16)$$

当细观结点 P 的位移满足上述约束方程时,宏观模型与细观模型在该点处变形即是协调的。需要说明的是,虽然以上是以三结点三角形单元为例阐述通过基于形函数插值的多点位移约束实现宏细观非协调重叠网格连接的方法,但该方法对宏观单元的类型并无限制。对于其他类型的宏观单元,仅需依据宏观单元的位移模式调整式(10.13)至式(10.16)中的形函数表达式即可。

10.3 数值实现方法

10.3.1 数值求解流程

如图 10.7 所示,由于在基于双重网格的混凝土自适应宏细观协同有限元分析中涉及细观尺度下的材料非线性,故其数值求解宜采用增量迭代法。另一方面,由于在分析中涉及源于宏细观协同有限元模型动态更新的变结构非线性,故其数值求解流程与传统的增量迭代法又有所区别,主要体现为对于任一增量步,均需在原平衡迭代的基础上进行"一致性"迭代,以保证该增量步求解完成后的有限元模型宏细观分析区域划分与应力计算结果保持一致,即各宏观单元任一积分点的收敛应力解均应不满足如式(10.9)所示的分析尺度转换准则。此外,由于宏细观协同有限元模型中细观模型的位置与范围是在分析过程中基于宏观模型应力计算结果自适应确定的,故在开始第一个增量步分析时,假定整体有限元模型全部由宏观模型构成。

10.3.2 宏细观协同有限元模型更新

如前所述,在自适应宏细观协同有限元分析过程中,需动态更新宏细观协同有限元模型以保证在细观尺度下开展混凝土的损伤破坏分析。因此,对于任一需要进行分析尺度转换的宏观单元,均要确定与该宏观单元关联的细观单元集合。在宏观网格和细观网格独立剖分的前提下,为保证用于替换某宏观单元的细观单元集合完全填充该宏观单元占据的空间,细观单元集合需包括细观模型中全部或部分位于该宏观单元边界内的所有细观单元。具体而言,若某细观单元的任一结点位于该宏观单元内,则该细观单元即属于用于替换该宏观单元的细观单元集合,如图 10.8 所示。

遵循上述细观单元集合确定原则,即可在某增量步的平衡迭代收敛后,通过在宏细观协同有限元模型中将需要进行分析尺度转换的宏观单元替换为与之相应的细观单元集合,完成宏细观协同有限元模型更新。

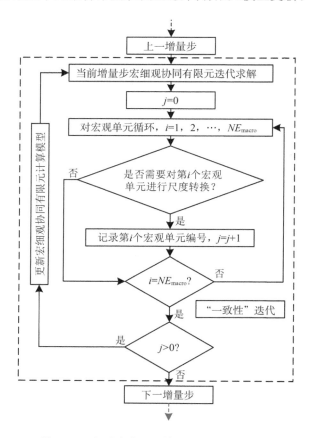

图 10.7　自适应宏细观协同有限元求解流程

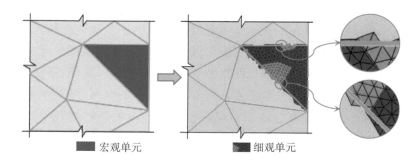

图 10.8　与宏观单元关联的细观单元集合

10.3.3 多点位移约束方程定义

基于 10.2.3 节中提出的基于形函数插值的多点位移约束法,本章利用 ABAQUS 提供的多点约束(Multi-Point Constraint,MPC)功能[33]来实现宏细观模型中不同尺度网格间的连接。具体而言,将位于某一宏观单元内部的细观结点作为"从结点",将该宏观单元的结点作为"主结点",并在获取"从结点"与"主结点"坐标的基础上,计算出"从结点"位移约束方程(见 10.2.3 节)的各个系数,从而确定以"主结点"位移为变量的"从结点"位移表达式并按约定格式在 ABAQUS 输入文件中定义该细观结点的多点位移约束方程,实现宏细观协同有限元模型中非协调重叠网格的连接。以 10.2.3 节中的细观结点 P 为例,给出了多点位移约束方程在 ABAQUS 中的定义格式,如图 10.9 所示。

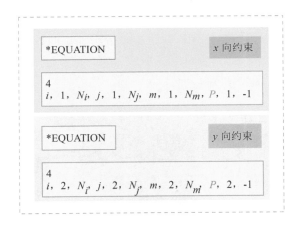

图 10.9 多点位移约束方程定义格式

10.4 算例分析

在上述基础上,以 ABAQUS 为有限元求解工具,在 MATLAB 平台上研发了基于双重网格的混凝土自适应宏细观协同有限元分析程序 ACMSC。为验证本章方法的可行性和程序编制的正确性,进行如下算例分析。

算例 10.1 模拟了混凝土 L 形试件受拉损伤开裂过程。图 10.10(a)给出了试件尺寸、加载条件及边界条件,并同时给出了 Winkler[34]等通过物理试验获取的宏观裂缝分布范围。图 10.10(b)给出了采用 AutoGMC 软件生成的试件细观结构,骨料粒径范围为 5~20 mm,体积含量为 50%。采用 10.1.2 节所述程序完成了细观模型的有限元网格剖分,如图 10.10(c)所示,该图中同时显示了宏观模型的有限元网格,宏细观模型的网格剖分均采用三结点三角形单元,宏观模型单元数量为 168 个,细观模型单元数量为 37 423 个。表 10.1 列出了细观模型各相的材料参数。由于 ITZ 力学参数难以通过试验手段测得,通常认为ITZ 的力学性能与水泥砂浆类似,参数取值略小于砂浆[2,3,12,19]。

为保证宏观模型与细观模型在弹性阶段力学行为的一致性,开展如表10.1 所示细观材料参数下的混凝土单轴拉伸细观数值试验[骨料粒径范围与体积含量与细观模型相同,细观计算模型如图 10.11(a)所示],并基于数值试验所获均匀化应力应变曲线[见图 10.11(b)],取应力从 $0~0.4f_t$ 的割线弹性模量为宏观模型的弹性模量[35],量值为 28.6 GPa。此外,为确定自适应宏细观尺度转换准则参数 C_1、C_2、C_3 和 K 的取值,亦通过开展单轴压缩数值试验确定了单轴抗压强度 f_c(15.2 MPa),进而结合单轴拉伸数值试验确定的单轴抗拉强度 f_t(1.45 MPa),取 $f_b=1.16f_c$[10],即可基于式(10.10)确定 C_1、C_2、C_3 和 K;应力放大系数 s 取为 1.25。

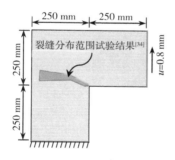
(a) 试件尺寸、加载及边界条件

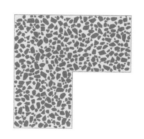
(b) 细观结构

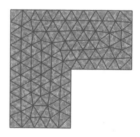
(c) 宏细观网格

图 10.10　L 形试件算例及宏细观有限元网格

表 10.1　细观材料参数

试件材料	泊松比	膨胀角(°)	密度(kg/m³)	弹性模量(GPa)	峰值抗压强度(MPa)	峰值抗拉强度(MPa)	断裂能(N/m)
骨料	0.2	—	2 800	50.00	—	—	—
砂浆	0.2	35.0	2 200	25.00	26.0	2.00	120.0
ITZ	0.2	35.0	2 200	18.75	19.5	1.68	80.4

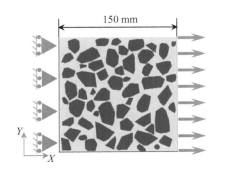

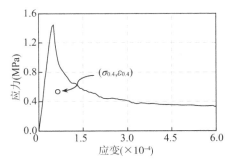

（a）单轴拉伸细观计算模型　　　　　　　（b）宏观均匀化应力应变曲线

图 10.11　单轴拉伸细观计算模型及应力应变曲线

在上述基础上,开展了混凝土 L 形试件受拉开裂的自适应宏细观协同有限元分析,位移荷载分为 32 个增量步逐级施加。此外,为对比验证分析成果的合理性,亦开展了相同条件下的全细观模型数值模拟。图 10.12(a)—(d)给出了自适应宏细观协同有限元分析所得的试件损伤开裂过程(为便于观察,图中隐去了损伤变量大于 0.95 的单元),图 10.12(e)—(h)给出了相应的全细观模型数值模拟结果。图 10.13 对比了自适应宏细观协同有限元分析与全细观模拟所得的加载边界反力与加载位移关系曲线,其中,ACMSC 和 DNS 分别表示自适应宏细观协同有限元分析和全细观模型数值模拟所得的关系曲线。

从图 10.12 中可以看出,在加载过程中,细观损伤肇始于 L 形试件转角处,继而沿水平略偏上方向向试件内部扩展并逐渐形成宏观裂缝,裂缝在试件内的分布位于 Winkler[34]等通过物理试验获取的宏观裂缝分布范围[见图 10.10(a)];随着加载位移的逐渐增大,宏观分析区域逐渐减小,细观分析区域逐渐增大,损伤开裂始终发生在细观分析区域内;在不同加载阶段,自适应宏细观协同有限元分析所得的宏观裂缝分布特征均非常接近全细观模拟结果,但在宏观裂缝端部,两种方法所得的开裂区分布在细观尺度上存在一定差异,原因主要在于上述两种方法对在自适应宏细观协同有限元分析中分析尺度未转化为细观尺度的区域采用了不同尺度的分析模型(自适应宏细观协同分析为宏观线弹性模型,而全细观模拟为细观模型),故难以获得完全一致的分析结果。此外,与宏观裂缝分布特征非常接近相应的是,自适应宏细观协同有限元分析与全细观模拟所得的位移加载边界上的反力(加载边界上各结点竖向结点反力之和)与加载位移关系曲线亦基本重合(见图 10.13),表明自适应宏细观协同有限元分析可以达到与全细观模拟相当的精度。

图 10.14 给出了在位移荷载逐级增加过程中宏细观协同有限元模型自由度数量的变化过程,为对比分析,亦给出了全细观模型的自由度数量,可以看出,在加载初期,与全细观模型相比,宏细观协同有限元模型的计算自由度数量基本可忽略不计;随着加载位移的逐渐增大,宏细观协同有限元模型的计算自由度亦逐渐增加,完成加载时,宏细观协同有限元模型的计算自由度约为全细观模型的 33.28%。考虑到宏细观协同有限元模型的计算自由度在加载过程中是逐步增加的,而全细观模型的计算自由度在加载过程中保持不变,故在保证分析精度的前提下,本章方法的分析效率明显高于全细观模型数值模拟。

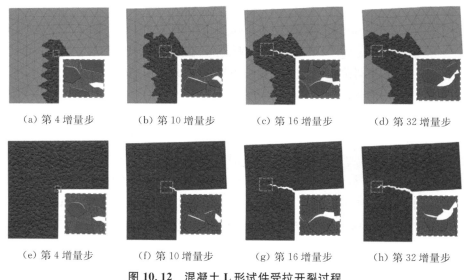

(a) 第 4 增量步　　　(b) 第 10 增量步　　　(c) 第 16 增量步　　　(d) 第 32 增量步

(e) 第 4 增量步　　　(f) 第 10 增量步　　　(g) 第 16 增量步　　　(h) 第 32 增量步

图 10.12　混凝土 L 形试件受拉开裂过程

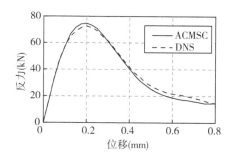

图 10.13　加载边界反力-位移曲线

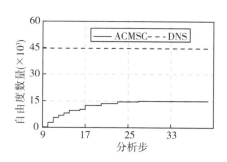

图 10.14　荷载逐级增加过程中自由度数量的变化

算例 10.2 模拟了混凝土简支梁三点弯曲试验,试件尺寸及加载条件如图 10.15 所示,骨料粒径范围与体积含量、宏观与细观模型材料参数及计算参数取值与算例 10.1 保持一致,位移荷载为 0.2 mm,分为 50 步逐级施加。此外,亦开展了相应的全细观模型模拟。图 10.16(a)—(d)给出了自适应宏细观协同有限元分析所得的简支梁弯拉开裂过程,全细观模型数值模拟结果如图 10.16(e)—(h)所示。图 10.17 和图 10.18 分别对比了上述两种方法所得的加载点反力与位移关系和逐级加载过程中自由度数量变化过程。

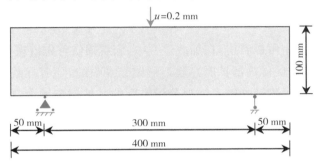

图 10.15　三点弯曲试件尺寸及加载条件

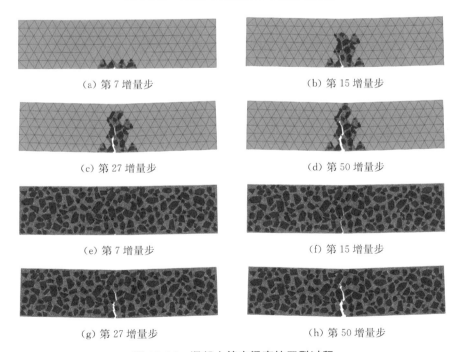

（a）第 7 增量步　　　　　　　　　（b）第 15 增量步

（c）第 27 增量步　　　　　　　　　（d）第 50 增量步

（e）第 7 增量步　　　　　　　　　（f）第 15 增量步

（g）第 27 增量步　　　　　　　　　（h）第 50 增量步

图 10.16　混凝土简支梁弯拉开裂过程

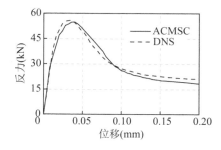
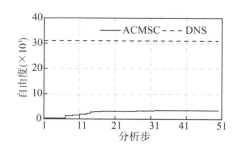

图 10.17　加载点反力-位移曲线　　图 10.18　荷载逐级增加过程中自由度数量的变化

从图 10.16 中可以看出,在加载过程中,细观损伤首先出现于梁底跨中部位,继而沿竖向向试件内部扩展并逐渐形成宏观裂缝,随着加载位移的增大,通过自适应分析尺度转换进入细观分析尺度的区域逐渐增大;在不同加载阶段,自适应宏细观协同有限元分析所得的宏观裂缝分布特征均非常接近全细观模拟结果,且加载点反力-位移曲线亦基本重合(见图 10.17)。另一方面,在加载初期,与全细观模型相比,宏细观协同有限元模型的计算自由度数量基本可忽略不计;虽然随着加载位移的逐渐增大,宏细观协同有限元模型的计算自由度数量会逐渐增加(见图 10.18),但直至完成加载,宏细观协同有限元模型的计算自由度数量仅为全细观模型的 11.21%。上述分析表明,采用本章方法可在兼顾效率与精度的前提下,实现考虑细观材料结构的混凝土损伤开裂跨尺度演化过程自适应分析。

10.5　本章小结

准确分析混凝土的损伤开裂跨尺度演化过程需要考虑其细观材料结构。本章在有限元法框架内,提出了一种基于双重网格的混凝土损伤开裂自适应宏细观协同分析方法,并在 MATLAB 平台上研发了相应的混凝土自适应宏细观协同有限元分析程序(ACMSC)。与全细观模拟结果的对比分析表明,本章方法可在保证分析精度的前提下,高效分析混凝土损伤开裂的跨尺度演化过程,为开展混凝土材料与结构的精细化破坏分析提供了可行手段。该方法的主要特点及优点如下。

(1) 通过在分析域内布置独立剖分的宏观与细观网格和建立相应的宏观与细观有限元模型,避免了在分析过程中剖分细观网格和建立细观模型的困难。

（2）通过提出从宏观尺度至细观尺度的分析尺度自适应转换准则，实现了依据宏观应力计算结果的宏观和细观分析区域自适应划分。

（3）通过提出基于形函数插值的多点位移约束方法，解决了宏细观非协同重叠网格的连接问题。

（4）通过形成包括弹性区宏观模型和损伤区细观模型的宏细观协同有限元模型，实现了考虑细观材料结构的混凝土损伤开裂跨尺度演化过程分析。

参考文献

［1］ 高小峰，胡昱，杨宁，等. 低热水泥全级配混凝土断裂试验及尺寸效应分析[J]. 工程力学，2022(7)：183-193.

［2］ 任青文，殷亚娟，沈雷. 混凝土骨料随机分布的分形研究及其对破坏特性的影响[J]. 水利学报，2020，51(10)：1267-1277＋1288.

［3］ 金浏，杨旺贤，余文轩，等. 基于细观模拟的轻骨料混凝土动态压缩破坏及尺寸效应分析[J]. 工程力学，2020，37(3)：56-65.

［4］ 李冬，金浏，杜修力，等. 考虑细观组分影响的混凝土宏观力学性能理论预测模型[J]. 工程力学，2019，36(5)：67-75.

［5］ RODRIGUES E A，GIMENES M，BITENCOURT L A G，et al. A concurrent multiscale approach for modeling recycled aggregate concrete[J]. Construction and Building Materials，2021，267：121040.

［6］ SUN B，LI Z X. Multi-scale modeling and trans-level simulation from material meso-damage to structural failure of reinforced concrete frame structures under seismic loading[J]. Journal of Computational Science，2016，12：38-50.

［7］ SKARZYŃSKI Ł，NITKA M，TEJCHMAN J. Modelling of concrete fracture at aggregate level using FEM and DEM based on X-ray μCT images of internal structure[J]. Engineering Fracture Mechanics，2015，147：13-35.

［8］ 杨贞军，黄宇劼，尧锋，等. 基于粘结单元的三维随机细观混凝土离散断裂模拟[J]. 工程力学，2020，37(8)：158-166.

［9］ 陈志文，李兆霞，卫志勇. 土木结构损伤多尺度并发计算方法及其应用

[J]. 工程力学，2012，29(10)：205-210.

[10] REZAKHANI R，ZHOU X W，CUSATIS G. Adaptive multiscale homogenization of the lattice discrete particle model for the analysis of damage and fracture in concrete[J]. International Journal of Solids and Structures，2017，125：50-67.

[11] ECKARDT S，KÖNKE C. Adaptive damage simulation of concrete using heterogeneous multiscale models[J]. Journal of Algorithms & Computational Technology，2008，2(2)：275-297.

[12] UNGER J F，ECKARDT S. Multiscale modeling of concrete[J]. Archives of Computational Methods in Engineering，2011，18(3)：341-393.

[13] LLOBERAS-VALLS O，RIXEN D J，SIMONE A，et al. On micro-to-macro connections in domain decomposition multiscale methods[J]. Computer Methods in Applied Mechanics & Engineering，2012，225-228：177-196.

[14] SUN B，LI Z X. Adaptive mesh refinement FEM for seismic damage evolution in concrete-based structures [J]. Engineering Structures，2016，115：155-164.

[15] RODRIGUES E A，MANZOLI O L，BITENCOURT L，et al. An adaptive concurrent multiscale model for concrete based on coupling finite elements[J]. Computer Methods in Applied Mechanics & Engineering，2018，328：26-46.

[16] ZHANG X，WU H，LI J，et al. A constitutive model of concrete based on Ottosen yield criterion[J]. International Journal of Solids and Structures，2020，193-194：79-89.

[17] WANG Z M，KWAN A K H，CHAN H C. Mesoscopic study of concrete I：Generation of random aggregate structure and finite element mesh[J]. Computers & Structures，1999，70(5)：533-544.

[18] DASSAULT SYSTÈMES CORPORATION. ABAQUS Analysis User's Manual[M]. Providence，RI：Dassault Systèmes Corporation，2012.

[19] XU L，HUANG Y F. Effects of voids on concrete tensile fracturing：a mesoscale study[J]. Advances in Materials Science and Engineering，

2017：1-14.

[20] HUANG Y J, YANG Z J, REN W Y, et al. 3D meso-scale fracture modelling and validation of concrete based on in-situ X-ray Computed Tomography images using damage plasticity model[J]. International Journal of Solids and Structures, 2015, 67：340-352.

[21] 金浏，余文轩，杜修力，等. 基于细观模拟的混凝土动态压缩强度尺寸效应研究[J]. 工程力学，2019，36(11)：50-61.

[22] WANG X F, ZHANG M Z, JIVKOV A P. Computational technology for analysis of 3D meso-structure effects on damage and failure of concrete[J]. International Journal of Solids and Structures, 2016, 80：310-333.

[23] LUBLINER J, OLIVER J, OLLER S, et al. A plastic-damage model for concrete[J]. International Journal of Solids and Structures, 1989, 25(3)：299-326.

[24] DU C B, JIANG S Y, QIN W, et al. Numerical analysis of concrete composites at the mesoscale based on 3D reconstruction technology of X-ray CT images[J]. Computer Modeling in Engineering and Sciences, 2011, 81(3)：229-247.

[25] 中华人民共和国住房和城乡建设部. 混凝土结构设计规范：GB 50010—2010[S]. 北京：中国建筑工业出版社，2010.

[26] 曾宇，胡良明. ABAQUS 混凝土塑性损伤本构模型参数计算转换及校验[J]. 水电能源科学，2019，37(6)：106-109.

[27] 张劲，王庆扬，胡守营，等. ABAQUS 混凝土损伤塑性模型参数验证[J]. 建筑结构，2008，38(8)：127-130.

[28] ALFARAH B, LOPEZ-ALMANSA F, OLLER S. New methodology for calculating damage variables evolution in Plastic Damage Model for RC structures[J]. Engineering Structures, 2017, 132：70-86.

[29] MALEKI M, RASOOLAN I, KHAJEHDEZFULY A, et al. On the effect of ITZ thickness in meso-scale models of concrete[J]. Construction and Building Materials, 2020, 258：119639.

[30] LLOBERAS-VALLS O, RIXEN D J, SIMONE A, et al. Multiscale domain decomposition analysis of quasi-brittle heterogeneous materials

　　　　［J］. International Journal for Numerical Methods in Engineering，2012，89（11）：1337-1366.

［31］ SUN B. Adaptive multi-scale beam lattice method for competitive trans-scale crack growth simulation of heterogeneous concrete-like materials［J］. International Journal of Fracture，2021，228：85-101.

［32］ BAEK H，KWEON C，PARK K. Multiscale dynamic fracture analysis of composite materials using adaptive microstructure modeling［J］. International Journal for Numerical Methods in Engineering，2020，121：5719-5741.

［33］ ZHU H H，WANG Q，ZHUANG X Y. A nonlinear semi-concurrent multiscale method for fractures［J］. International Journal of Impact Engineering，2016，87：65-82.

［34］ WINKLER B，HOFSTETTER G，NIEDERWANGER G. Experimental verification of a constitutive model for concrete cracking［J］. Proceedings of the Institution of Mechanical Engineers，Part L：Journal of Materials Design & Applications，2001，215（2）：75-86.

［35］ 中华人民共和国水利部. 水工混凝土试验规程：SL/T 352—2020［S］. 北京：中国水利水电出版社，2021.

第 11 章
混凝土跨尺度损伤开裂自适应宏细观递进分析方法

混凝土损伤开裂是一种典型的跨尺度现象,主要表现为宏观裂缝的形成源于细观裂纹的萌生、扩展、集聚和贯通[1],而混凝土在细观尺度上复杂的随机非均匀材料结构以及各细观组分(粗骨料、砂浆及界面过渡区)差异明显的力学特性是这一现象的主要致因[2-3]。因此,在内蕴"均匀性"假定的单一宏观尺度下,以有限元法为代表的数值分析方法无法准确模拟混凝土损伤开裂的跨尺度演化过程[4]。

计算多尺度方法是在分析中考虑两种或两种以上空间尺度并以相对较低的计算代价获取较高精度分析结果的复合材料现代计算分析方法[5]。依据尺度连接方法的不同,可将计算多尺度方法大致分为协同多尺度方法[6-8]和递进多尺度方法[9-10]两类。协同多尺度方法的主要优点是可在同一计算模型中实现对弹性区域的宏观尺度模拟和对损伤开裂区域的细观尺度模拟,但在模拟中需动态调整宏-细观尺度连接边界,数值实施较为困难,且随着细观模拟区域的扩大,计算规模快速增大[5]。

传统递进多尺度方法是通过求解由宏观力学量(通常为应变)驱动的细观代表性体积单元(Representative Volume Element,RVE)边值问题,来为宏观尺度分析提供所需的本构关系,局部化(降尺度)和均匀化(升尺度)是其尺度连接的两个主要环节[9]。由于在递进多尺度方法中,宏观分析与细观分析是在信息传递的基础上分开进行的,故相较于协同多尺度方法,其对计算资源的要求相对较低且便于在常规有限元分析框架内实现[11]。

存在 RVE 是应用传统递进多尺度方法的前提[12]，由于非软化复合材料满足 RVE 存在性，故针对该类材料的递进多尺度有限元分析已渐趋成熟并得以应用[10]。但对于软化类材料，由于通过均匀化获取的宏观应力应变关系在软化阶段依赖于细观模型尺寸，故不满足 RVE 存在性假定，致使无法直接应用传统递进多尺度方法。针对这一问题，Gitman 等[13]分析了软化材料递进多尺度有限元模拟中，宏观单元网格尺寸与细观 RVE 尺寸对计算结果的影响，并提出将细观模型体积取为宏观单元积分点的积分体积，以消除分析结果的宏观单元网格尺寸依赖性和细观模型尺寸依赖性。这一方法突破了传统递进多尺度方法的 RVE 存在性假定，但变尺寸的细观模型增加了数值实施的难度，且若对分析域内的宏观积分点均开展宏细观递进多尺度分析，细观计算规模会很大（与全细观模拟相当）。Rezakhani 等[11]基于耦合体积思想，以有限元模型为宏观尺度模型，以格构离散元模型为细观尺度模型，实现了混凝土损伤断裂的耦合体积宏细观递进多尺度分析，但分析中采用了均匀宏观网格以规避细观模型的变尺寸问题。此外，由于尺度连接方式的特点，在宏细观递进多尺度分析的传统框架内，仅能在宏观尺度上获取基本的力学量（位移、应变及应力），致使无法实现混凝土损伤状态的宏细观跨尺度表征。

鉴于此，本章提出了一种混凝土跨尺度损伤开裂自适应宏细观递进有限元分析方法。该方法将混凝土自适应宏细观递进有限元模型划分为单一宏观尺度和宏细观多尺度两个分析区域；通过提出基于 Ottosen 四参数强度准则[14]的分析尺度自适应转换准则，实现宏细观多尺度分析区域范围的自适应动态更新；通过在分析中自适应建立与宏观积分点关联的细观模型，实现变尺寸细观模型条件下宏细观递进有限元分析；通过提出细观损伤的分区均匀化方法，实现混凝土损伤状态的宏细观跨尺度定量表征。对上述方法进行了数值实现，算例分析验证了本章方法的可行性与程序编制的正确性。

11.1　自适应宏细观递进有限元分析方法

为在兼顾效率与精度的前提下分析混凝土损伤开裂的跨尺度演化过程，提出一种混凝土跨尺度损伤开裂自适应宏细观递进有限元分析方法，详述如下。

11.1.1　自适应宏细观递进有限元模型

如图 11.1 所示，将混凝土自适应宏细观递进有限元模型分为两个分析区域,分别为单一宏观尺度分析区域(弹性区)和宏细观多尺度分析区域(损伤开裂区)。在单一宏观尺度分析区域内,混凝土被视为均匀材料,并采用线弹性本构模型描述其力学行为。在宏细观多尺度分析区域内,混凝土被视为宏观均匀但细观非均匀的非线性多尺度材料,该区域内任一宏观积分点均与一个细观模型关联。因此,上述宏细观递进有限元模型又可视为由一个宏观模型和与之关联的若干个相互独立的细观模型组成,其中,宏观模型的网格剖分、荷载和边界条件施加均与细观模型无关,但在宏观分析中,部分宏观积分点(位于宏细观多尺度分析区域范围内)的应力和本构矩阵是在获取与之关联的细观模型计算结果的基础上通过“均匀化”确定的(详见 11.1.2 节);各细观模型的网格剖分亦与宏观模型无关,且细观各相有确定的本构模型,但在细观分析中,各细观模型的边界条件是在获取与之关联的宏观积分点应变的基础上通过“局部化”确定的(详见 11.1.2 节)。

此外,由于混凝土在损伤开裂阶段具有明显的应变软化特征,故为获得不依赖于宏观单元网格尺寸与细观有限元模型尺寸的客观分析结果,基于耦合体积思想[13],将细观模型尺寸 l_{m} 视为与之关联的宏观积分点积分面积 S_{IP}(二维,2D)或体积 V_{IP}(三维,3D)的函数。由于在宏细观递进有限元分析中,细观模型形状一般取为正方形(二维)或正方体(三维),故可给出 l_{m} 的计算表达式:

$$l_{\mathrm{m}} = \begin{cases} \sqrt{S_{\mathrm{IP}}} & 2\mathrm{D} \\ \sqrt[3]{V_{\mathrm{IP}}} & 3\mathrm{D} \end{cases} \tag{11.1}$$

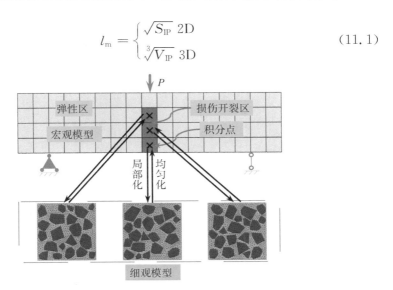

图 11.1　宏细观递进有限元模型

区别于其他学者针对不同材料建立的宏细观递进多尺度分析模型[9-11,13]，上述混凝土自适应宏细观递进有限元模型具有以下特点：(1) 模型分析域由单一宏观尺度分析区域和宏细观多尺度分析区域两部构成；(2) 宏细观多尺度分析区域的范围是在分析中基于分析尺度转换准则（详见11.1.3节）自适应确定且动态更新的，目的是在保证分析精度的前提下控制细观计算规模以提高分析效率；(3) 与不同宏观积分点关联的细观模型是在分析中自适应生成的（详见11.1.4节），具有随机的细观结构和可以变化的尺寸；(4) 宏观模型与细观模型均为有限元模型，便于数值实施。

11.1.2　宏-细观尺度连接

对于宏细观多尺度分析区域范围内的宏观积分点，需通过宏-细观尺度连接完成其和与之关联的细观模型间的信息传递，主要涉及信息从宏观积分点传递至细观模型的局部化和信息从细观模型传递至宏观积分点的均匀化两个环节。

在位移有限元分析框架内，局部化的基础信息为宏观积分点的应变，局部化需要解决的是将宏观积分点应变转化为与之关联的细观模型的位移边界条件；均匀化的基础信息为细观模型在给定位移边界条件下计算所得的应力场与刚度矩阵，均匀化需要解决的是将细观模型的应力场与刚度矩阵均匀化为与之关联的宏观积分点应力与本构矩阵。

由于宏观积分点和与之关联的细观模型是同一对象在不同空间尺度上的表现形式，故基于 Hill-Mandal 能量一致条件[15]，宏观应力 $\overline{\boldsymbol{\sigma}}$ 和应变 $\overline{\boldsymbol{\varepsilon}}$ 应满足如下表达式：

$$\overline{\boldsymbol{\sigma}}:\overline{\boldsymbol{\varepsilon}} = \frac{1}{\Omega}\int_{\Omega}\sigma:\varepsilon\mathrm{d}\Omega \tag{11.2}$$

式中：Ω 为积分范围；σ 为细观应力；ε 为细观应变。由体积平均原理，可给出 $\overline{\boldsymbol{\sigma}}$ 和 $\overline{\boldsymbol{\varepsilon}}$ 的计算表达式：

$$\overline{\boldsymbol{\sigma}} = \frac{1}{\Omega}\int_{\Omega}\sigma\mathrm{d}\Omega \tag{11.3}$$

$$\overline{\boldsymbol{\varepsilon}} = \frac{1}{\Omega}\int_{\Omega}\varepsilon\mathrm{d}\Omega \tag{11.4}$$

应用散度定理，由式(11.3)和式(11.4)分别可得式(11.5)和式(11.6)：

$$\overline{\boldsymbol{\sigma}} = \frac{1}{\Omega} \oint_{\partial\Omega}^{sym} [\boldsymbol{t} \otimes \boldsymbol{x}] \mathrm{d}S \tag{11.5}$$

$$\overline{\boldsymbol{\varepsilon}} = \frac{1}{\Omega} \oint_{\partial\Omega}^{sym} [\boldsymbol{u} \otimes \boldsymbol{n}] \mathrm{d}S \tag{11.6}$$

式中：$\boldsymbol{t}$、$\boldsymbol{x}$、$\boldsymbol{u}$ 及 $\boldsymbol{n}$ 为细观模型边界上各点处的应力、坐标、位移及方向余弦。

将式(11.5)和式(11.6)代入式(11.2)，可得以细观模型边界应力和位移形式表达的 Hill-Mandal 能量一致条件，如下式所示：

$$\frac{1}{\Omega} \oint_{\partial\Omega} \boldsymbol{t} \cdot \boldsymbol{u} \mathrm{d}S = \frac{1}{\Omega} \int_{\Omega} \sigma : \varepsilon \mathrm{d}\Omega \tag{11.7}$$

满足式(11.7)的细观模型边界条件主要有均匀应力边界条件、线性位移边界条件和周期性边界条件三种[16]。考虑到相对于均匀应力和线性位移边界条件，周期性边界条件可取得更为精确的宏观均匀化解[17]，故本章采用周期性边界条件实施宏细观递进有限元分析中的局部化。

对于给定的宏观积分点应变，与该积分点关联的细观模型的边界结点位移 $\boldsymbol{u}$ 由线性位移 $\overline{\boldsymbol{u}}$ 和波动位移 $\tilde{\boldsymbol{u}}$ 两部分构成，如下式所示：

$$\boldsymbol{u} = \overline{\boldsymbol{u}} + \tilde{\boldsymbol{u}} = \overline{\boldsymbol{\varepsilon}} \cdot \boldsymbol{x} + \tilde{\boldsymbol{u}} \tag{11.8}$$

由式(11.7)可推求 $\tilde{\boldsymbol{u}}$ 所需满足的约束条件[18]：

$$\frac{1}{\Omega} \oint_{\partial\Omega} \boldsymbol{t} \cdot \tilde{\boldsymbol{u}} \mathrm{d}S = 0 \tag{11.9}$$

为便于建立满足式(11.9)形式约束条件的细观模型周期性边界条件，依据细观模型边界的空间位置，将其分为一一对应的"正"边界和"负"边界两部分，并通过细观有限元网格剖分在对应边界上形成一系列结点对，如图 11.2 所示。

为满足式(11.4)，需令

$$\tilde{\boldsymbol{u}}(\boldsymbol{x}^+) = \tilde{\boldsymbol{u}}(\boldsymbol{x}^-) \tag{11.10}$$

式中：$\boldsymbol{x}^+$ 和 $\boldsymbol{x}^-$ 分别表示"正边界"和"负边界"结点对的坐标值。

结合式(11.8)和式(11.10)，可导出如下形式的细观模型周期性边界条件：

$$\boldsymbol{u}(\boldsymbol{x}^+) - \boldsymbol{u}(\boldsymbol{x}^-) = \overline{\boldsymbol{\varepsilon}} \cdot (\boldsymbol{x}^+ - \boldsymbol{x}^-) \tag{11.11}$$

由细观分析平衡条件，有

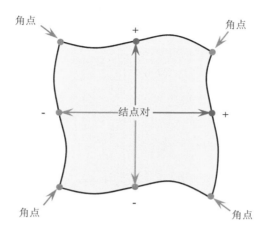

图 11.2 细观模型周期性边界条件示意图

$$t(\boldsymbol{x}^+) + t(\boldsymbol{x}^-) = 0 \tag{11.12}$$

以式(11.12)为基础,即可构造出满足 Hill-Mandal 能量一致条件的细观模型边界结点对相对位移的约束方程[19]。另一方面,由于式(11.12)仅约束了边界结点对的相对位移,故为消除细观模型刚体位移,尚需通过直接施加位移约束条件确定细观模型边界角点(见图 11.2)处的位移 $\bar{\boldsymbol{u}}_A$,$\bar{\boldsymbol{u}}_A$ 的计算表达式如下:

$$\bar{\boldsymbol{u}}_A = \bar{\boldsymbol{\varepsilon}} \cdot \boldsymbol{x}_A \tag{11.13}$$

式中: $\boldsymbol{x}_A$ 为细观模型角点的坐标。对于给定的积分点应变 $\bar{\boldsymbol{\varepsilon}}$,基于式(11.11)和式(11.13),即可在与该积分点关联的细观模型上完成局部化。

另一方面,在宏观积分点应变局部化的基础上,为实现宏-细观尺度连接,尚需在细观分析完成后,通过均匀化确定宏观积分点的应力和本构矩阵,其中,宏观均匀化应力可依据式(11.3)确定。

为确定宏观积分点的均匀化本构矩阵,在对细观模型整体刚度矩阵进行分区的基础上,将其有限元增量平衡方程改写为如下形式:

$$\begin{bmatrix} K_{NN} & K_{NA} \\ K_{AN} & K_{AA} \end{bmatrix} \begin{bmatrix} \delta u_N \\ \delta u_A \end{bmatrix} = \begin{bmatrix} 0 \\ \delta f_A \end{bmatrix} \tag{11.14}$$

式中: δu_A、δu_N 分别为细观模型角点处结点、非角点处结点的增量位移列阵; δf_A 为细观模型角点处结点的增量反力列阵。

由式(11.14)可导出 δu_A 和 δf_A 之间的关系，如下式所示：

$$(K_{AA} - K_{AN}K_{NN}^{-1}K_{NA}) \cdot \delta u_A = \delta f_A \tag{11.15}$$

令 $K^M = K_{AA} - K_{AN}K_{NN}^{-1}K_{NA}$，可将式(11.15)改写为

$$\sum_j K_{ij}^M \cdot \delta u_A^j = \delta f_A^i \tag{11.16}$$

式中：i 和 j 表示边界角点处的结点自由度。

在式(11.16)的基础上，利用式(11.5)和式(11.13)，即可建立基于细观模型刚度矩阵的宏观积分点增量本构表达式：

$$\delta\bar{\sigma} = \frac{1}{\Omega}\sum_i\sum_j (x_A^i K_{ij}^M x_A^j) : \delta\bar{\varepsilon} \tag{11.17}$$

式中：$\delta\bar{\sigma}$ 和 $\delta\bar{\varepsilon}$ 分别为宏观积分点的增量应力和增量应变。

由式(11.17)可知，宏观积分点的均匀化本构矩阵 D^M 计算表达式如下：

$$D^M = \frac{1}{\Omega}\sum_i\sum_j x_A^i K_{ij}^M x_A^j \tag{11.18}$$

11.1.3　分析尺度自适应转换

如前所述，若不加区别地对模型内的宏观积分点均开展宏细观递进分析，会导致细观计算规模很大。另一方面，在实际混凝土结构中，一般仅有范围较小的局部区域会出现损伤开裂现象，而其他大部分区域则始终处于弹性阶段[20-22]。

因此，为在保证分析精度的前提下提高分析效率，对模型内处于不同受力变形阶段的区域采用不同的分析尺度。具体而言，对模型内处于线弹性阶段的区域，采用宏观线弹性本构模型描述其应力应变关系，即进行单一宏观尺度分析；而对模型内处于损伤开裂阶段的区域，则通过宏-细观尺度连接为其提供宏观本构关系，开展宏细观多尺度分析。

显然，宏细观多尺度分析区域的范围需在分析过程中依据模型的受力状态自适应确定并动态更新，这一过程即为分析尺度的自适应转换，其关键在于将处于单一宏观分析区域内的宏观积分点的分析尺度适时地从单一宏观尺度转换为宏细观多尺度。

为此，基于 Ottosen 四参数强度准则[14]，提出了以宏观积分点应力为指

标的混凝土分析尺度自适应转换准则,如下式所示:

$$f(\widetilde{\sigma}_{\mathrm{macro}}) \geqslant 0 \tag{11.19}$$

式中:$\widetilde{\sigma}_{\mathrm{macro}}$ 为宏观积分点应力;s 为略大于 1 的应力放大系数,引入该系数可将损伤开裂区周边一定范围内的弹性区亦作为宏细观多尺度分析区域的一部分,目的是减小分析尺度转换对宏观平衡迭代收敛性的不利影响。

令 $\widetilde{\sigma}_{\mathrm{macro}}^{*} = s\widetilde{\sigma}_{\mathrm{macro}}$,即可基于 Ottosen 四参数强度准则给出 $f(\widetilde{\sigma}_{\mathrm{macro}}^{*})$ 的具体表达式:

$$f(\widetilde{\sigma}_{\mathrm{macro}}^{*}) = C_1 \xi + C_2 \rho r(\theta) + C_3 \rho^2 - 1 \tag{11.20}$$

式中:$\rho = \sqrt{\left[(\sigma_1^* - \sigma_2^*)^2 + (\sigma_2^* - \sigma_3^*)^2 + (\sigma_1^* - \sigma_3^*)^2\right]/3}$;$\xi = (\sigma_1^* + \sigma_2^* + \sigma_3^*)/\sqrt{3}$,$\sigma_i^*$ $(i = 1, 2, 3)$ 为 $\widetilde{\sigma}_{\mathrm{macro}}^{*}$ 的主值;C_1、C_2 和 C_3 为强度参数,可依据混凝土单轴抗拉、抗压强度 f_t、f_c 以及双轴抗压强度 f_b 推求[25];$r(\theta)$ 为控制偏平面上强度包络线形状的参数,其计算公式如式(11.21)所示。

$$r(\theta) = \begin{cases} \cos\left[\dfrac{1}{3}\arccos(K\cos 3\theta)\right] & \cos 3\theta \geqslant 0 \\[2mm] \cos\left[\dfrac{\pi}{3} - \dfrac{1}{3}\arccos(-K\cos 3\theta)\right] & \cos 3\theta < 0 \end{cases} \tag{11.21}$$

式中:θ 为应力 Lode 角;K 为形状因子,可按式(11.22)计算。

$$K = 1 - 6.8 (f_t/f_c - 0.07)^2 \tag{11.22}$$

基于上述分析尺度自适应转换准则,对于在上一迭代步中仍处于单一宏观分析尺度的宏观积分点,在其当前迭代步的宏观应力更新和本构矩阵计算中,应依据给定的宏观线弹性本构参数计算积分点的弹性试应力,并依据式(11.20)计算与之相应的 $f(\widetilde{\sigma}_{\mathrm{macro}}^{*})$。若 $f(\widetilde{\sigma}_{\mathrm{macro}}^{*})$ 不满足式(11.19),则弹性试应力即为应力真实解,弹性矩阵即为真实本构矩阵,该积分点的单一宏观分析尺度保持不变;反之,则应将该积分点的单一宏观分析尺度转换为宏细观多尺度,并自适应建立与之关联的细观模型及完成宏-细观尺度连接以更新当前迭代步的宏观应力和本构矩阵。

11.1.4 细观模型的自适应建立

当某一宏观积分点的分析尺度需由单一宏观尺度转换为宏细观多尺度时,就需要建立与之关联的细观模型。由于宏细观多尺度分析区域的范围是动态变化的,且不同宏观积分点通常具有不同的积分范围,故与分析尺度转换类似,细观模型建立亦是一个自适应过程,主要表现为变尺寸的细观模型需在分析过程中逐步建立。

为建立与某一宏观积分点关联的细观模型,首先需获取该积分点的积分面积或体积,进而确定细观模型尺寸。在此基础上,尚需依据混凝土骨料体积含量 V_a、粒径、级配等控制参数及其形状,生成混凝土细观模型的随机材料结构,并在剖分网格、定义细观各相力学特性和施加周期性边界约束条件的基础上完成细观模型的建立。

为此,本章以随机取放法[23]作为细观随机材料结构的生成方法,以 ABAQUS 前处理模块[24]作为细观结构网格剖分的基本工具,以多点位移约束方程[19]作为细观周期性边界约束条件的施加手段,通过 MATLAB 和 PY-THON 混合编程编制了混凝土细观自适应二维建模程序 AGCMM。该程序可在获取宏观积分点的积分面积、细观结构控制参数以及细观各相力学参数的基础上,自动完成细观模型尺寸计算、圆形或多边形骨料细观结构随机生成(见图 11.3)、三相(骨料、砂浆及界面过渡区)细观网格剖分(见图 11.4)、细观各相力学参数定义以及细观周期性边界约束条件施加,从而建立与该积分点关联的细观模型。

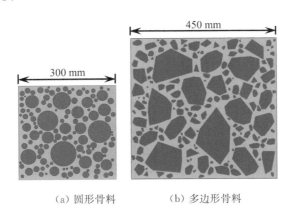

450 mm

300 mm

(a) 圆形骨料　　　(b) 多边形骨料

图 11.3　细观结构生成实例

由于混凝土损伤开裂通常是在界面过渡区中萌生并向砂浆中扩展,而(硬)骨料一般不会发生破坏[25,26]。因此,在细观模型中,骨料被视为线弹性材料,而砂浆与界面过渡区(ITZ)被视为准脆性材料,并采用塑性损伤模型(CDP 模型)[27]描述其力学行为。此外,由于细观材料结构是随机生成的,故

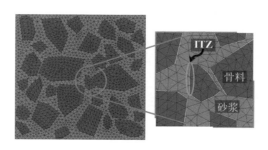

图 11.4　细观有限元网格剖分实例

与不同宏观积分点关联的各细观模型具有不同的细观材料结构。

11.2　基于分区均匀化的宏观损伤表征

在宏细观递进多尺度分析的传统框架内，虽可实现混凝土细观损伤演化过程的精细模拟，但由于均匀化仅向宏观积分点传递应力和本构矩阵，故无法实现在宏观尺度上评价混凝土的损伤演化过程。

为实现混凝土损伤演化的宏细观跨尺度分析，本章基于混凝土细观损伤分布的局部化特征，提出一种用于表征宏观损伤的分区均匀化方法。源于混凝土复杂的细观材料结构，在其应力达到峰值后的损伤开裂软化阶段，随着应力的减小，非弹性应变逐渐集中于局部区域（损伤开裂区），其他区域的弹性应变则逐渐减小[28]，这一过程称为应变局部化。研究表明[29]，混凝土在开裂软化阶段的损伤演化与应变局部化直接相关，主要表现为在应变局部化过程中，开裂区的损伤程度不断增加，而在应力达到峰值前产生的弥散于其他区域的损伤则基本保持状态不变。因此，对细观模型全域应用体积平均原理已不适用于建立细观损伤与宏观损伤之间的关系。

为在混凝土损伤开裂软化阶段，实现基于细观模型损伤计算结果的宏观损伤表征，首先依据细观分析所得的损伤状态，将细观模型区域 Ω 划分为损伤加载区 Ω_d（损伤变量处于增大状态的区域）和非损伤加载区 Ω_{nd}（损伤变量为 0 或保持不变的区域）两个子区域（见图 11.5）；在区域划分的基础上，对细观模型中的损伤加载区应用体积平均原理，以实现基于细观损伤状态的宏观损伤表征，如下式所示：

$$D = \frac{1}{\Omega_d} \int_{\Omega_d} d \, \mathrm{d}\Omega_d = \sum_i d_i \Omega_{d,i} / \Omega_d \qquad (11.23)$$

式中：D 为宏观积分点的损伤变量；d 为细观损伤变量；d_i 为细观模型中损伤加载区内第 i 个积分点的损伤变量；$\Omega_{d,i}$ 为损伤加载区内第 i 个积分点的积分范围。

需要说明的是，由于式(11.23)中仅考虑了损伤加载区，未计应变局部化过程中保持损伤状态不变的区域（弥散分布于混凝土内），故由其所得的宏观损伤量与混凝土真实损伤状态间会存在一定差异。但由于混凝土为准脆性材料，其宏观力学性能的受损劣化主要发生在应力达到峰值后的应变局部化过程中[30-31]，因此，按式(11.23)计算所得的宏观损伤量可被用于描述混凝土在损伤开裂软化阶段的受损状态。

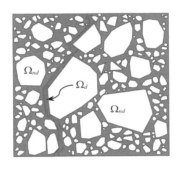

图 11.5　细观模型损伤分区示意图

11.3　数值实现

在 11.1 节所述的混凝土自适应宏细观递进有限元模型中，宏观模型在不同分析尺度下的应力应变关系均为局部形式，故便于与已有的材料非线性有限元分析程序相结合。

本章基于 ABAQUS 用户材料子程序接口 UMAT[32]，通过编制用于获取宏观均匀化应力与本构矩阵(11.1.2 节)的程序 HSCM 以及用于定量表征宏观损伤(11.2 节)的程序 MD，并结合细观自适应建模程序 AGCMM(11.1.4 节)，对所提出的混凝土跨尺度损伤开裂自适应宏细观递进有限元分析方法进行了数值实现。

UMAT 在从 ABAQUS 主程序获取相关数据后，需通过所编制的接口程序并调用 HSCM 和 AGCMM 等程序完成宏观积分点应力与本构矩阵的更新,并可自定义状态变量用于存储分析尺度、宏观损伤等相关信息[33]。图 11.6给出了所编制 UMAT 子程序的主要流程。

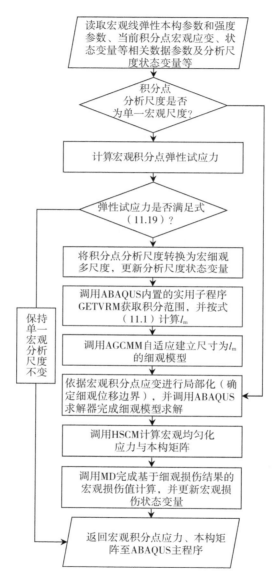

图 11.6 UMAT 子程序流程

需要说明的是,在混凝土跨尺度损伤开裂的自适应宏细观递进有限元分析中,ABAQUS 主程序对上述 UMAT 子程序的调用是在积分点的层次上进行的,即在宏观分析的每次整体平衡迭代过程中,均需在对单元循环的基础上对单元中的积分点循环,从而逐一完成每个宏观积分点的应力、本构矩阵与状态变量更新;分析尺度状态变量用于存储宏观积分点当前的分析尺度信息,取值为 0(初始值)代表单一宏观尺度,取值为 1 代表宏细观多尺度;宏观损伤状态变量初始值为 0,且保持该值至进入损伤开裂软化阶段。

11.4 算例分析

为验证本章方法的可行性和程序编制的正确性,进行如下 2 个算例分析。

算例 11.1 为四结点正方形单元(CPS4R)单轴拉伸过程模拟(见图 11.7)。由于该单元仅有一个积分点,故与之关联的细观模型尺寸与其尺寸相同,骨料粒径范围和含量分别为 $5 \sim 8$ mm 和 50%,ITZ 厚度取为 100 μm[34]。表 11.1 列出了细观各相的材料参数,由于 ITZ 力学参数难以通过试验手段测得,通常认为 ITZ 的力学性能与水泥砂浆的类似,参数取值略小于砂浆[1,26]。

为获取单一宏观尺度分析所需的线弹性本构参数,针对图 11.7 中所示的细观模型开展了单轴拉伸全细观数值模拟(DNS),如图 11.8(a)所示;并基于数值模拟所得的宏观均匀化应力-应变曲线[见 11.8(b)],取应力从 $0 \sim 0.4 f_t$ 的割线弹性模量为宏观弹性模量[35],量值为 33.19 GPa,泊松比为 0.2。此外,为确定分析尺度自适应转换准则参数 C_1、C_2、C_3 和 K 的取值,亦通过开展单轴压缩数值试验确定了单轴抗压强度 f_c(23.32 MPa),进而结合单轴拉伸数值试验确定的单轴抗拉强度 f_t(2.12 MPa),并取 $f_b = 1.16 f_c$[12],即可基于式(11.20)确定 C_1、C_2、C_3 和 K;应力放大系数 s 取 1.05。

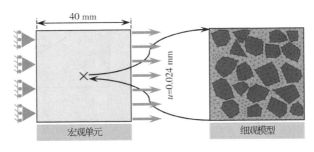

图 11.7 单元算例(AHS)

在此基础上，完成了上述单元算例的自适应宏细观递进有限元分析（AHS），位移荷载分为100个增量步逐级施加，分析尺度自适应转换发生在第9个增量步。图11.9给出了自适应宏细观递进有限元分析所得的宏观应力-位移曲线，可以看出，其与全细观数值模拟结果基本重合，表明自适应宏细观递进有限元分析在单元层次上可以达到与全细观模拟相当的精度。此外，图11.9亦给出了分析过程中宏观损伤演化曲线，可以发现，当应力达到峰值后的损伤开裂软化阶段，随着加载位移的逐渐增大，宏观损伤量值逐渐增大。图11.10给出了对应于图11.9中点Ⅰ—Ⅳ的细观模型损伤分布，可以看出，与宏观损伤变化规律一致，随着加载位移的逐渐增大，细观损伤分布范围和量值均逐渐增大。上述结果表明，采用本章方法在宏观尺度和细观尺度上均可定量描述混凝土的损伤演化过程。

算例11.2模拟了混凝土"狗骨"试件受拉损伤开裂过程，试件尺寸、加载及边界条件如图11.11（a）所示，骨料粒径范围与含量、宏细观模型材料参数取值与算例11.1相同，位移荷载分为100步逐级施加。图11.11（b）显示了宏观网格（单元类型同算例11.1）以及与其中两个宏观积分点关联的细观模型有限元网格。此外，本次研究亦开展了全细观数值模拟。

表 11.1　细观材料参数

试件材料	泊松比	膨胀角（°）	密度（kg/m³）	弹性模量（GPa）	峰值抗压强度（MPa）	峰值抗拉强度（MPa）	断裂能（N/m）
骨料	0.2	—	2 800	50.0	—	—	—
砂浆	0.2	35.0	2 200	25.0	26.0	2.5	220
ITZ	0.2	35.0	2 200	20.0	21.0	2.0	176

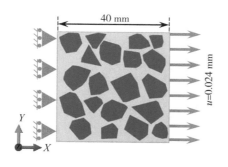

（a）全细观数值模拟（DNS）

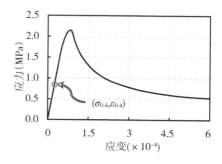

（b）宏观均匀化应力-应变曲线

图 11.8　全细观数值模拟（DNS）及宏观均匀化应力-应变曲线

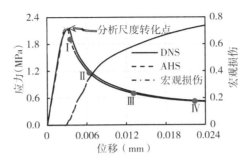

图 11.9　宏观应力-位移及宏观损伤演化曲线

图 11.12 对比了自适应宏细观递进有限元分析和全细观数值模拟所得的加载边界反力-位移曲线,可以看出,两者总体上基本一致,但与算例 11.1 相比,损伤开裂软化阶段的差异有所增大,原因主要是在算例 11.1 中,自适应宏细观递进有限元分析的细观模型与全细观模型具有相同的细观结构,而在算例 11.2 中,自适应宏细观递进有限元分析的细观模型与全细观模型具有不同的细观结构。

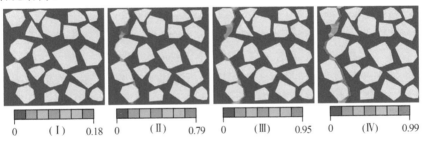

0　（Ⅰ）　0.18　　0　（Ⅱ）　0.79　　0　（Ⅲ）　0.95　　0　（Ⅳ）　0.99

图 11.10　细观损伤分布

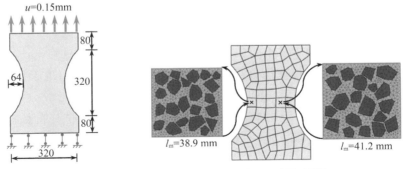

（a）试件尺寸、加载及边界条件(mm)　　　（b）宏细观有限元网格

图 11.11　"狗骨"试件算例

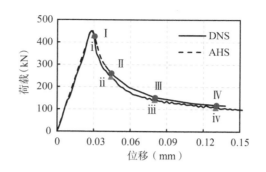

图 11.12　反力-位移曲线

　　图 11.13 给出了分析尺度自适应转换过程,可以看出,发生分析尺度转换的宏观积分点位于试件最小截面处,且呈现出两侧先转换、中间后转换的特点,与试件受力特点相符。

　　图 11.14 给出了不同宏观积分点所关联的细观模型在不同加载阶段(对应于图 11.12 中的点 I—IV)的细观损伤分布,可以看出,随着加载位移的逐渐增大,各细观模型的损伤范围和量值亦呈现出逐渐增大的变化特征,并进而影响试件的宏观受力状态(见图 11.12);此外,与不同宏观积分点关联的细观模型具有相异的细观结构并呈现出不同的损伤开裂路径,表明本章方法不仅可通过宏-细观尺度连接为宏观尺度分析提供本构关系,亦可在此过程中自然体现混凝土材料特性的随机性。

　　图 11.15 给出了自适应宏细观递进有限元分析所得的宏观损伤演化过程,可以看出,与各细观模型损伤演化过程一致,试件宏观损伤量值亦呈现出随加载位移的增大而增大的变化规律,且在软化段初期,宏观损伤分布总体呈现出两侧大、中间小的分布特征,而在软化段中后期,宏观损伤分布逐渐趋于均匀,与试件在受拉条件下的破坏过程相符[36]。

　　图 11.16 给出了在不同加载阶段(对应于图 11.12 中的点 i—iv)全细观数值模拟所得的细观损伤分布,可以看出,细观损伤首先出现于试件最小截面附近的 ITZ 内,随后向两侧的砂浆中延伸并集聚,最终形成一条贯穿试件的损伤裂缝带;虽然受到细观材料结构的影响,损伤裂缝带分布具有随机性,但整体处于试件中部,与自适应宏细观递进有限元分析所得的宏观损伤分布特征相符。

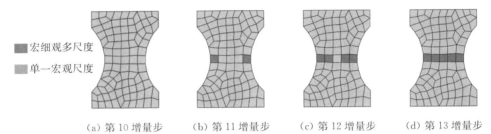

（a）第 10 增量步　（b）第 11 增量步　（c）第 12 增量步　（d）第 13 增量步

图 11.13　分析尺度自适应转换过程

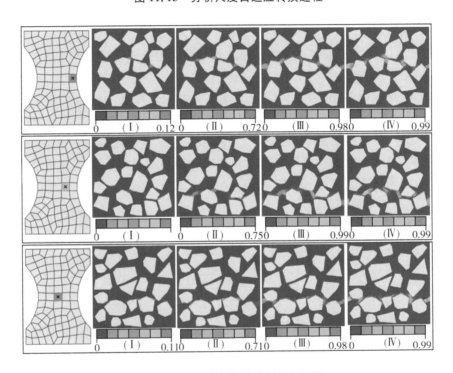

图 11.14　细观损伤演化过程（AHS）

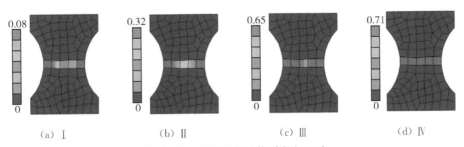

（a）Ⅰ　　　　（b）Ⅱ　　　　（c）Ⅲ　　　　（d）Ⅳ

图 11.15　宏观损伤演化过程（AHS）

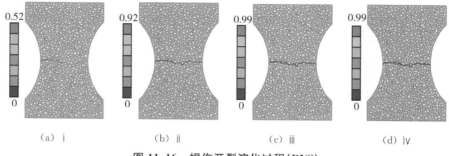

（a）ⅰ　　　　　（b）ⅱ　　　　　（c）ⅲ　　　　　（d）ⅳ

图 11.16　损伤开裂演化过程(DNS)

　　图 11.17 给出了加载过程中自适应宏细观递进有限元模型计算自由度的变化过程，作为对比，亦给出了全细观模型的自由度数量，可以看出，在加载初期，与全细观模型相比，自适应宏细观递进有限元模型的计算自由度数量基本可忽略不计；随着部分宏观积分点的分析尺度由单一宏观尺度转换为宏细观多尺度，自适应宏细观递进有限元模型的计算自由度有所增加，但直至完成加载，自适应宏细观递进有限元模型的计算自由度仅约为全细观模型的8.35%，表明在通过考虑细观结构提高分析精度的前提下，本章方法的分析效率明显高于全细观模拟。

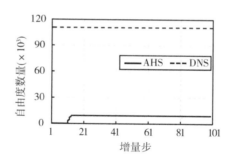

图 11.17　自由度数量变化

11.5　本章小结

　　混凝土损伤开裂是典型的跨尺度现象，准确分析其演化过程需要考虑不同的空间尺度。本章提出了一种混凝土跨尺度损伤开裂自适应宏细观递进有限元分析方法，并对其进行了数值实现和算例分析。主要结论如下。

（1）通过在宏细观递进多尺度分析中实施分析尺度从单一宏观尺度至宏细观多尺度的自适应转换，可在保证分析精度的前提下，缩减细观计算规模，提高分析效率。

（2）通过在分析中依据宏观积分点的积分范围自适应建立与之关联的细观模型，不仅可实现变尺寸细观模型条件下的宏细观递进有限元分析，亦可自然体现混凝土材料特性的随机性。

（3）通过对细观损伤加载区进行均匀化，可获取混凝土宏观损伤变量，实现在损伤开裂软化阶段对混凝土损伤状态进行宏细观跨尺度定量表征。

（4）在兼顾效率与精度的前提下，本章方法可模拟混凝土损伤开裂的跨尺度演化过程，为实施考虑细观结构的混凝土精细化分析提供了可行手段。

参考文献

［1］任青文，殷亚娟，沈雷. 混凝土骨料随机分布的分形研究及其对破坏特性的影响［J］. 水利学报，2020，51(10)：1267-1277＋1288.

［2］徐磊，姜磊，周昌巧，等. 基于多重点云与分级聚合的全级配混凝土三维细观结构高效生成方法［J］. 水利学报，2022，53(2)：188-199.

［3］金浏，杨旺贤，余文轩，等. 基于细观模拟的轻骨料混凝土动态压缩破坏及尺寸效应分析［J］. 工程力学，2020，37(3)：56-65.

［4］SUN B，LI Z X. Multi-scale modeling and trans-level simulation from material meso-damage to structural failure of reinforced concrete frame structures under seismic loading［J］. Journal of Computational Science，2016，12：38-50.

［5］徐磊，崔姗姗，姜磊，等. 基于双重网格的混凝土自适应宏细观协同有限元分析方法［J］. 工程力学，2022，39(4)：197-208.

［6］RODRIGUES E A，GIMENES M，BITENCOURT L A G，et al. A concurrent multiscale approach for modeling recycled aggregate concrete［J］. Construction and Building Materials，2021，267：121040.

［7］RODRIGUES E A，MANZOLI O L，BITENCOURT L，et al. An adaptive concurrent multiscale model for concrete based on coupling finite elements［J］. Computer Methods in Applied Mechanics and Engineering，2018，328：26-46.

［8］ 李兆霞，孙正华，郭力，等. 结构损伤一致多尺度模拟和分析方法［J］. 东南大学学报（自然科学版），2007，37(2)：251-260.

［9］ TCHALLA A，BELOUETTAR S，MAKRADI A，et al. An ABAQUS toolbox for multiscale finite element computation［J］. Composites Part B：Engineering，2013，52：323-333.

［10］ CHUA T W. Multi‐scale modeling of textile composites［D］. Eindhoven University of Technology，2011.

［11］ REZAKHANI R，ZHOU X W，CUSATIS G. Adaptive multiscale homogenization of the lattice discrete particle model for the analysis of damage and fracture in concrete［J］. International Journal of Solids and Structures，2017，125：50-67.

［12］ NGUYEN V P，LLOBERAS-VALLS O，STROEVEN M，et al. On the existence of representative volumes for softening quasi-brittle materials-a failure zone averaging scheme［J］. Computer Methods in Applied Mechanics and Engineering，2010，199(45—48)：3028-3038.

［13］ GITMAN I M，ASKES H，SLUYS L J. Coupled-volume multi-scale modelling of quasi-brittle material［J］. European Journal of Mechanics-A/Solids，2008，27(3)：302-327.

［14］ ZHANG X，WU H，LI J，et al. A constitutive model of concrete based onOttosen yield criterion［J］. International Journal of Solids and Structures，2020，193-194：79-89.

［15］ NGUYEN V P，LLOBERAS-VALLS O，Stroeven M，et al. Computational homogenization for multiscale crack modeling. Implementational and computational aspects［J］. International Journal for Numerical Methods in Engineering，2012，89(2)：192-226.

［16］ INGLIS H M，GEUBELLE P H，MATOUŠ K. Boundary condition effects on multiscale analysis of damage localization［J］. Philosophical Magazine，2008，88(16)：2373-2397.

［17］ NGUYEN V D，BÉCHET E，GEUZAINE C，et al. Imposing periodic boundary condition on arbitrary meshes by polynomial interpolation ［J］. Computational Materials Science，2012，55：390-406.

［18］ YUAN Z，FISH J. Toward realization of computational homogenization in practice[J]. International Journal for Numerical Methods in Engineering，2008，73(3)：361-380.

[19] ZHU H H，WANG Q，ZHUANG X Y. A nonlinear semi-concurrent multiscale method for fractures[J]. International Journal of Impact Engineering，2016，87：65-82.

[20] LLOBERAS-VALLS O，RIXEN D J，SIMONE A，et al. Multiscale domain decomposition analysis of quasi-brittle heterogeneous materials [J]. International Journal for Numerical Methods in Engineering，2012，89(11)：1337-1366.

[21] UNGER J F，ECKARDT S. Multiscale modeling of concrete[J]. Archives of Computational Methods in Engineering，2011，18(3)：341 -393.

[22] CUSATIS G，REZAKHANI R，ALNAGGAR M，et al. Multiscale computational models for the simulation of concrete materials and structures[J]. Computational Modelling of Concrete Structures，2014，1：23-38.

[23] WANG Z M，KWAN A K H，CHAN H C. Mesoscopic study of concrete I：Generation of random aggregate structure and finite element mesh[J]. Computers & Structures，1999，70(5)：533-544.

[24] ABAQUS Inc. ABAQUS 6. 5 User's Manual[M]. Johnston，RI，USA：ABAQUS Inc. ，2004.

[25] 李宗利，邓朝莉，张国辉. 考虑骨料级配的混凝土有效弹性模量预测模型[J]. 水利学报，2016，47(4)：575-581.

[26] SUN B，LI Z X. Adaptive mesh refinement FEM for seismic damage evolution in concrete-based structures[J]. Engineering Structures，2016，115：155-164.

[27] LUBLINER J，OLIVER J，OLLER S，et al. A plastic-damage model for concrete[J]. International Journal of Solids and Structures，1989，25(3)：299-326.

[28] 崔溦，杨娜娜，宋慧芳. 基于非局部微平面模型 M7 的混凝土非线性有限元分析[J]. 建筑结构学报，2017，38(2)：126-133.

[29] 管俊峰，刘泽鹏，姚贤华，等. 确定混凝土开裂与拉伸强度及双 K 断裂

    参数[J]. 工程力学, 2020, 37(12): 124-137.

[30] CUI J, HAO H, SHI Y C. Study of concrete damage mechanism under hydrostatic pressure by numerical simulations[J]. Construction and Building Materials, 2018, 160: 440-449.

[31] 李冬, 金浏, 杜修力, 等. 考虑细观组分影响的混凝土宏观力学性能理论预测模型[J]. 工程力学, 2019, 36(5): 67-75.

[32] 韩峰, 徐磊, 金永苗, 等. 混凝土 MAZARS 本构模型在 ABAQUS 中的数值实现及验证[J]. 水力发电, 2020, 46(5): 85-88+98.

[33] 徐磊, 王绍洲, 金永苗. 混凝土 MAZARS 模型的非局部化及其数值实现与验证[J]. 三峡大学学报(自然科学版), 2021, 43(1): 7-12.

[34] SCRIVENER K L, CRUMBIE A K, LAUGESEN P. The interfacial transition zone (ITZ) between cement paste and aggregate in concrete[J]. Interface science, 2004, 12(4): 411-421.

[35] 中华人民共和国水利部. 水工混凝土试验规程: SL/T 352—2020[S]. 北京: 中国水利水电出版社, 2021.

[36] GHOSH S, DHANG N, DEB A. Influence of aggregate geometry and material fabric on tensile cracking in concrete[J]. Engineering Fracture Mechanics, 2020, 239: 107321.